# 前言

　　根據《維基百科》說明，機器人就是一種包括一切模擬人類行為或思想與模擬其他生物的機器。Makeblock 在 2012 年前後開發 mBot，我不會說 mBot 只是一輛車，但它確確實實是一台機器人，mBot 能運用「深度學習」來學習並模擬我們給予的指令，為我們解決日常的煩惱。

　　本書適合國小至國中的小朋友、教師及有興趣學習程式設計、運算思維或 STEM 的人士閱讀。閱讀時，可同時使用 mBlock 5 及 mBot 練習。

　　我經常引用一個例子，我們學習程式設計就像武俠小說，我們學習 Lego、mBot、Scratch、micro:bit，甚至 C++、Java、Python 等等的程式語言都像學習武學招式一樣，五花八門，而實質重要的是像內功一樣的運算思維，當我們運算思維的基礎打得好，將來學習不同的程式語言都會更易如反掌。

　　希望這本書能配合原裝的 mBot，讓各位 mBot 新鮮人，打好運算思維的基礎，從 mBot 中找到程式設計的樂趣。

　　最後要感謝圖書企劃部吳伃汶經理的支持及紅動創新和編輯的努力，讓本書能順利付梓。

黃偉樑 老師

- 慧編程（mBlock）、mBot 是 Makeblock 公司的註冊商標。
- 本書所引述的圖片及網頁內容，純屬教學及介紹之用，著作權屬於法定原著作權享有人所有，絕無侵權之意，在此特別聲明，並表達深深的感謝。

　　本書與範例程式為方便讀者學習，範例程式、挑戰題、實作題相關檔案請至本公司網站（http://tkdbooks.com）的圖書專區下載，或者直接於首頁的關鍵字欄輸入本書相關字（例：書號、書名、作者）進行書籍搜尋，尋得該書後即可下載範例檔案內容。

# 目錄

## Chapter 01 認識 STEM、程式設計及運算思維

| | | |
|---|---|---|
| 1-1 | STEM 的簡介 | 2 |
| 1-2 | 基本的程式設計知識 | 3 |
| 1-3 | 認識運算思維 | 4 |
| 1-4 | 了解資訊流程 | 5 |
| 1-5 | 程式設計中的三大結構 | 6 |

## Chapter 02 認識 mBot 機器人

| | | |
|---|---|---|
| 2-1 | 認識 mBot 機器人 | 10 |
| 2-2 | mBot 的主控板 | 11 |
| 2-3 | mBot 的預設程式 | 11 |
| 2-4 | 安裝程式設計軟體 | 12 |
| 2-5 | mBlock 5 的基本操作 | 16 |

## Chapter 03 變數與運算子

| | | |
|---|---|---|
| 3-1 | 變數是什麼？ | 32 |
| 3-2 | 運算子又是什麼？ | 34 |
| 3-3 | 清單是什麼？ | 36 |
| 3-4 | 副程式又是什麼？ | 37 |
| 3-5 | 程式範例 | 39 |

## Chapter 04　讓 mBot 動起來

| | | |
|---|---|---|
| 4-1 | 馬達的種類 | 42 |
| 4-2 | 馬達的原理 | 44 |
| 4-3 | mBot 的基本移動功能 | 44 |
| 4-4 | 如何控制 mBot 馬達 | 45 |
| 4-5 | mBot 的移動距離 | 47 |
| 4-6 | mBot 的轉動角度 | 50 |
| 4-7 | 程式範例 | 52 |
| 實作題 | | 54 |

## Chapter 05　發光發聲的 mBot

| | | |
|---|---|---|
| 5-1 | 什麼是 LED 燈？ | 56 |
| 5-2 | mBot 上的 LED 燈 | 57 |
| 5-3 | LED 燈在 mBlock 5 中的應用 | 58 |
| 5-4 | LED 燈程式範例 | 60 |
| 5-5 | 什麼是蜂鳴器？ | 63 |
| 5-6 | mBot 上的蜂鳴器 | 64 |
| 5-7 | 蜂鳴器在 mBlock 5 中的應用 | 65 |
| 5-8 | 蜂鳴器程式範例 | 66 |
| 5-9 | 什麼是按鈕？ | 67 |
| 5-10 | mBot 上的板載按鈕 | 68 |
| 5-11 | 板載按鈕在 mBlock 5 中的應用 | 69 |
| 5-12 | 板載按鈕程式範例 | 71 |
| 實作題 | | 72 |

## Chapter 06 光明與黑暗

| 6-1 | 什麼是光線感測器？ | 74 |
| --- | --- | --- |
| 6-2 | mBot 上的光線感測器 | 75 |
| 6-3 | 光線感測器在 mBlock 5 中的應用 | 76 |
| 6-4 | 程式範例 | 77 |
|     | 實作題 | 80 |

## Chapter 07 遙控機器人

| 7-1 | 什麼是紅外線感測器？ | 82 |
| --- | --- | --- |
| 7-2 | mBot 上的紅外線感測器 | 83 |
| 7-3 | 紅外線感測器在 mBlock5 的應用 | 84 |
| 7-4 | 程式範例 | 85 |
|     | 實作題 | 86 |

## Chapter 08 超音鼠

| 8-1 | 什麼是超音波感測器？ | 88 |
| --- | --- | --- |
| 8-2 | mBot 的超音波感測器 | 90 |
| 8-3 | 超音波感測器在 mBlock5 中的應用 | 91 |
| 8-4 | 程式範例 | 91 |
|     | 實作題 | 94 |

## Chapter 09 有線可循

| 9-1 | 什麼是循線感測器？ | 96 |
| --- | --- | --- |
| 9-2 | mBot 上的循線感測器 | 97 |
| 9-3 | 循線感測器在 mBlock5 中的應用 | 97 |
| 9-4 | 程式範例 | 99 |

| Chapter 10 Makeblock 的額外模組應用 | 10-1 | 模組及感測器分類 | 110 |
|---|---|---|---|
| | 10-2 | 連接埠適用性 | 111 |
| | 10-3 | 常用的模組及感測器 | 112 |

| Chapter 11 STEM 創客分享 | 11-1 | 智能交通燈 | 128 |
|---|---|---|---|
| | 11-2 | 呼吸燈 | 133 |
| | 11-3 | 安全警告單車套裝 | 135 |
| | 11-4 | 循線音樂盒 | 139 |
| | 11-5 | mBot 水平儀 | 143 |
| | 11-6 | 水溫指標屏 | 146 |
| | 實作題 | | 148 |

| Chapter 12 mBlock 5 的擴展功能 | 12-1 | 人工智能 | 151 |
|---|---|---|---|
| | 12-2 | 數據收集 | 153 |
| | 12-3 | 天氣資訊 | 158 |

| Appendix 附錄 | 挑戰題、實作題參考答案 | 162 |
|---|---|---|

# Chapter 01
# 認識 STEM、程式設計及運算思維

1-1　STEM 的簡介
1-2　基本的程式設計知識
1-3　認識運算思維
1-4　了解資訊流程
1-5　程式設計中的三大結構

## 1-1　STEM 的簡介

### 1-1.1　什麼是 STEM？

　　STEM 是科學（Science）、科技（Technology）、工程（Engineering）及數學（Mathematics）四個學科的英文首字母縮略字。

　　美國國際科技與工程教師學會（ITEEA）的 Barry N. Burke, DTE 在 2013 年率先提出以 STEM 教育，培養動手做、發明、創新的下一代。STEM 純理工教育有其極限，後來再加入了藝術（Art），成為 STEAM；最後，加入了閱讀（Reading），成為最後階段的 STREAM，期望多方學習外，創造及發明能連結人與人的感情，更令人懂得關懷他人。STEM 當中亦講求「6E」：

- ◆ **參與（Engage）**：激發學生的興趣，讓學生透過連結先備知識或經驗，引起對課程的好奇心。
- ◆ **探索（Explore）**：提供學生機會（如資料分析、小組討論、腦力激盪），讓學生能建構對課程主題的理解。
- ◆ **解釋（Explain）**：給學生機會解釋並重新思考所學，以了解主題的內涵，並藉此使學到的知識更完善。
- ◆ **建造（Engineer）**：讓學生藉由實作來了解課程主題的核心，把學習到的概念應用到日常生活中，以對主題有更深層的理解。
- ◆ **深化（Enrich）**：讓學生對所學有更深度的探討，以能解決更深入複雜的問題。
- ◆ **評量（Evaluate）**：讓學生與老師有機會評量學習成效與理解程度。

　　所以 STEM 不只是一個跨學科的學習模式，還希望學生能有效發展運算思維，發展創意及培養良好的表達能力。

### 1-1.2　為什麼需要 STEM？

　　全球科技日新月異，而科技大大改變日常工作的限制。世界經濟論壇 2016 年「工作大未來」報告指出，未來 5 年，全球將產生 200 萬個新工作，都在電腦、數學、建築和工程等 STEM 領域。同時，700 萬個工作將被機器取代。而 STEM 能培養孩子為全人，駕馭、超越改變、不被機器人取代，成為全球教育改革的關鍵目標。

## 1-1.3　STEM 的五大精神

1. 跨領域專題學習，打破科目框架
2. 動手做的學習，實踐以學生為中心的價值
3. 生活運用，引發學生探究的好奇心
4. 解決問題、學習作決定，感覺自己有影響力，更加有動力學習
5. 五感學習，知識不只是用腦學

## 1-2　基本的程式設計知識

### 1-2.1　什麼是程式設計（Coding）？

人和人之間會運用到自己地方的語言，例如英文、中文、日文等互相溝通。而程式語言就是和電腦溝通的語言，學會程式語言，就是用電腦明白的語言，指示電腦執行你想要做的事情。

### 1-2.2　為什麼要學程式設計？

▲ 六大你需要學習程式設計的原因

## 1-2.3　程式設計的設計思維流程

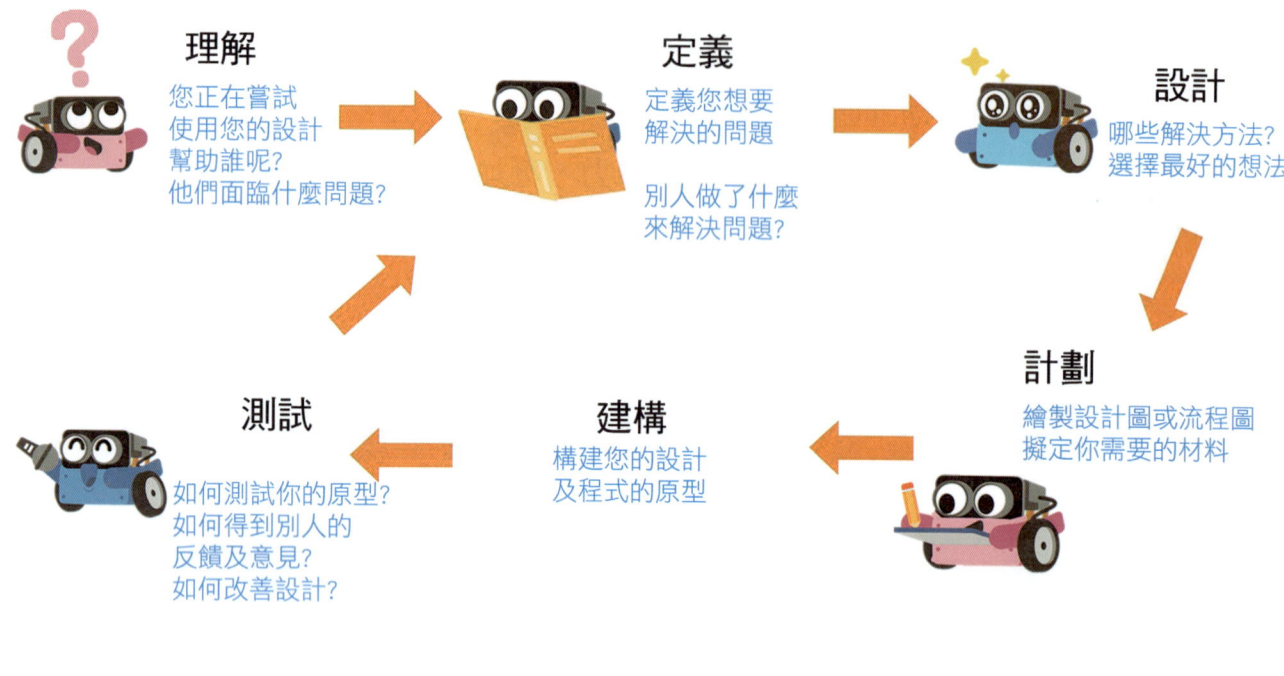

▲ 設計思維流程

# 1-3　認識運算思維

## 什麼是運算思維（Computational Thinking）？

◆ 運算思維是運用了計算機科學（Computer Science）的基礎概念進行問題求解、系統設計、以及人類行為理解等涵蓋計算機科學技術的一系列思維活動。

◆ 運算思維也是一種普及的思維方法和基本技能。

◆ 良好的運算思維不只對程式設計有所幫助，亦對我們日常生活產生極大的用處。

## 1-4　了解資訊流程

### 1-4.1　什麼是流程圖？

不論是工作還是學習，流程圖（Flow Chart）是經常使用的一種作業方法。它可以讓你將瑣碎的事務整理、歸納，讓其他人可以一目了然！

### 1-4.2　流程圖教學

#### 開始、結束與中間過程的連結

- 通常流程圖的**第一個步驟和最後一個步驟，會用橢圓形的符號**來代表，讓人可以一眼就看出這個流程圖的開始和結束。
- **方形則代表處理符號**，用箭頭做連接。
- 結束符號並非必需，視流程的需要。而開始符號則是必需的，讓人清楚知道流程圖開始的原因。

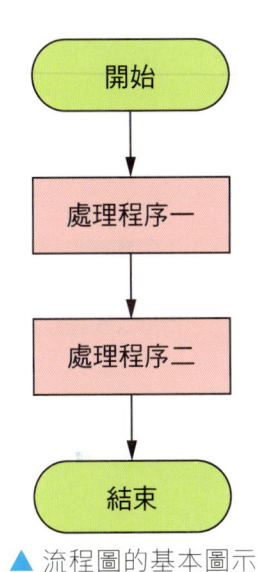
▲ 流程圖的基本圖示

#### 決策、選擇符號與說明符號

- 在撰寫流程的過程中，常常會有需要決策的節點，此時可能會因為不同選擇走向不同的流程，我們通常用**菱形符號**表示；
- 若有流程需要說明涵義的部分，則用**虛線方框**表示。

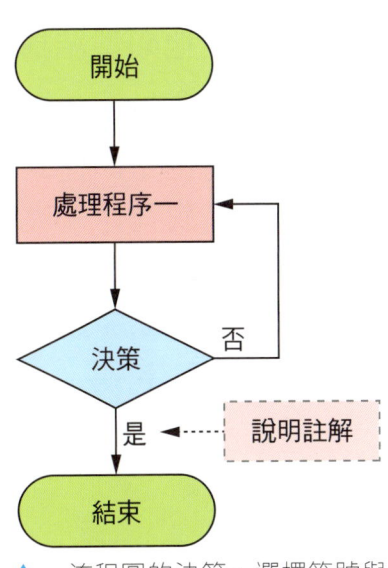
▲ 流程圖的決策、選擇符號與說明符號

### 重複使用的副程式符號

◆ 有些時候，我們在撰寫流程的過程中，會經常重複使用某一段程序，於是我們可以使用**副程式**代替。

◆ 副程式的標示方法是一個**方形**，並在**左右兩邊加上垂直線**。

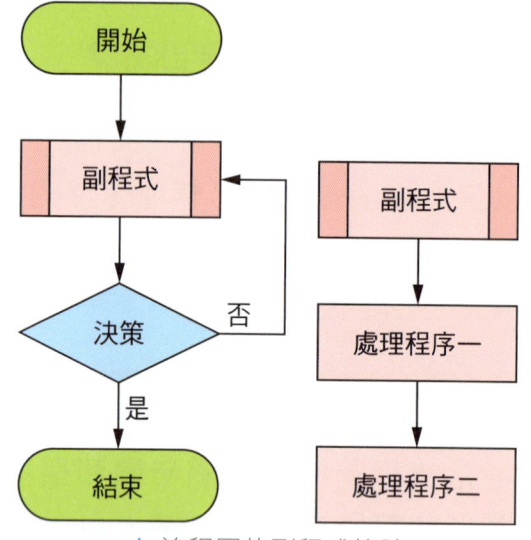

▲ 流程圖的副程式符號

## 1-5 程式設計中的三大結構

### 1-5.1 循序結構（Sequential Structure）

◆ 循序結構（Sequential Structure）是程式設計結構中**最簡單**、**最基本**的一個類型。

◆ 在沒有其他類型結構的情況下，程式都會以循序結構運行。

◆ 如右圖的例子，程式開始後，一定會先處理程序一，等到程序一完成後，才會處理程序二。同樣地，要等到程序二完成後，才會處理程序三。當程序三完成後，程式就會結束，不會再處理任何程序。

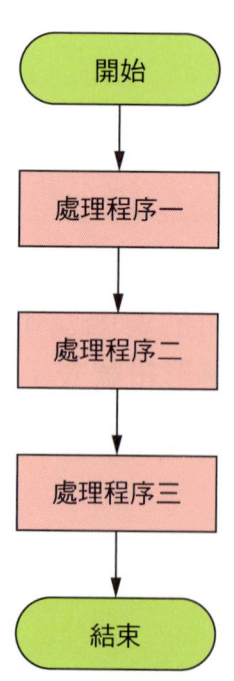

▲ 循序結構（Sequential Structure）

## 1-5.2　迴圈結構（Loop Structure）

◆ 迴圈結構（Loop Structure）是可以**重複執行**其包含程式的結構。

◆ 迴圈結構有兩種類型，一種是**「不停重複」**，沒有條件值，會一直執行直到停止或重新啟動（Reset）為止。

◆ 另一種是**「重複直到…」**，會按照條件值來決定是否執行迴圈的內容，當條件值不成立時，就會跳出迴圈。

◆ 如右圖的例子，程式開始後，會先處理程序一及程序二。當程序二完成後，程式會通過判定條件值是否成立，如果條件值成立，就會結束程式，否則將繼續迴圈，直到條件成立為止。

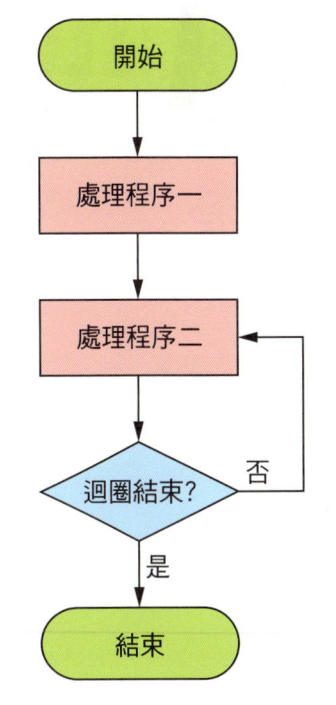

▲ 迴圈結構（Loop Structure）

## 1-5.3　分岔結構（Switch Structure）

◆ 分岔結構（Switch Structure）會根據**判斷條件的結果**，從而執行相對應的程序。

◆ 分岔結構也有兩種類型，一種是**「如果…就…」**，它會判定條件，當條件成立時，就會執行一個程序，否則就會跳過。

◆ 另一種是**「如果…就…否則…」**，它會判定條件，當條件成立時，就會執行一個程序，否則就會執行另一個程序。

◆ 如右圖的例子，程式開始後，會通過判定條件值是否成立，如果條件值成立，就會處理程序一，否則將繼續處理程序二，然後結束程式。

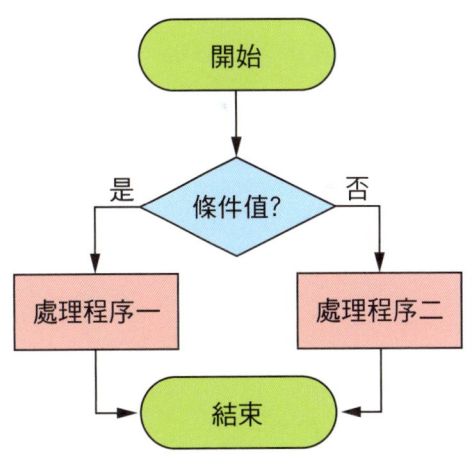

▲ 分岔結構（Switch Structure）

# notes

# Chapter 02

# 認識 mBot 機器人

2-1　認識 mBot 機器人
2-2　mBot 的主控板
2-3　mBot 的預設程式
2-4　安裝程式設計軟體
2-5　mBlock5 的基本操作

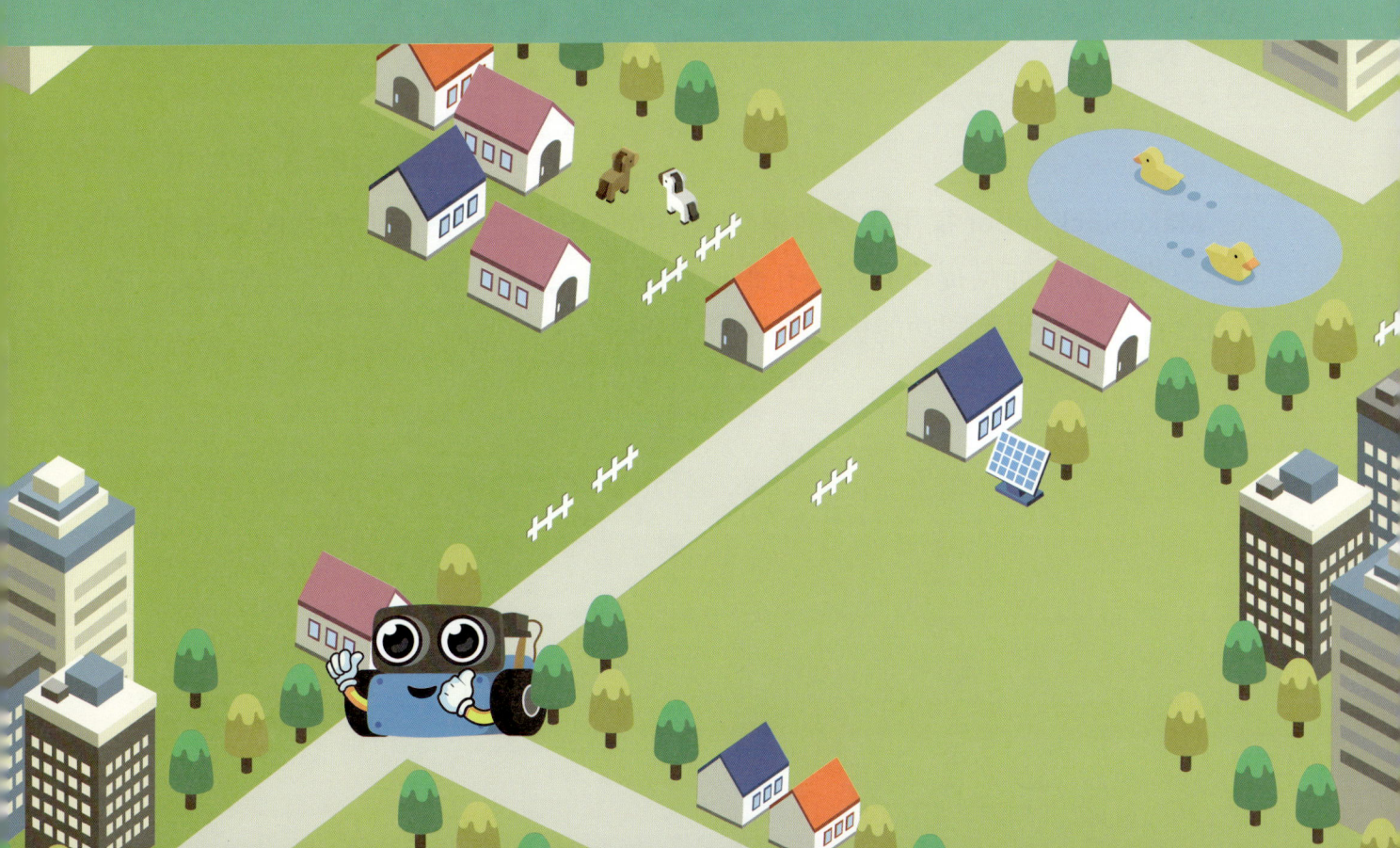

## 2-1 認識 mBot 機器人

　　mBot 是一台初階的程式設計教育機器人，非常適合第一次接觸程式設計的人學習 STEM 領域知識，親自體驗機械、電子、控制系統以及資訊科學的魅力。全套 mBot 約有 45 塊零件。只要按隨套裝附上的說明書組裝，10～30 分鐘內可完成，而且像玩積木般無需使用電焊等工具。

▲ mBot 與不同配件的配搭

　　Makeblock mBot 採用鋁擠型鋁合金結構，可以配搭市面上或其他 Makeblock 的材料來組裝，而且提供的組件孔距和樂高（Lego）一樣，因此可以無縫地和樂高整合混搭，實現不同功能機械零件的任意組合。

## 2-2 mBot 的主控板

mBot 的主控板是 mCore，它預載數個常用電子元件，使用耐用 USB Type B 連接器作為與電腦的連接，可重置保險絲，接線非常容易，兼容 Arduino 感測器，運作電壓介於 3.7-6V DC。

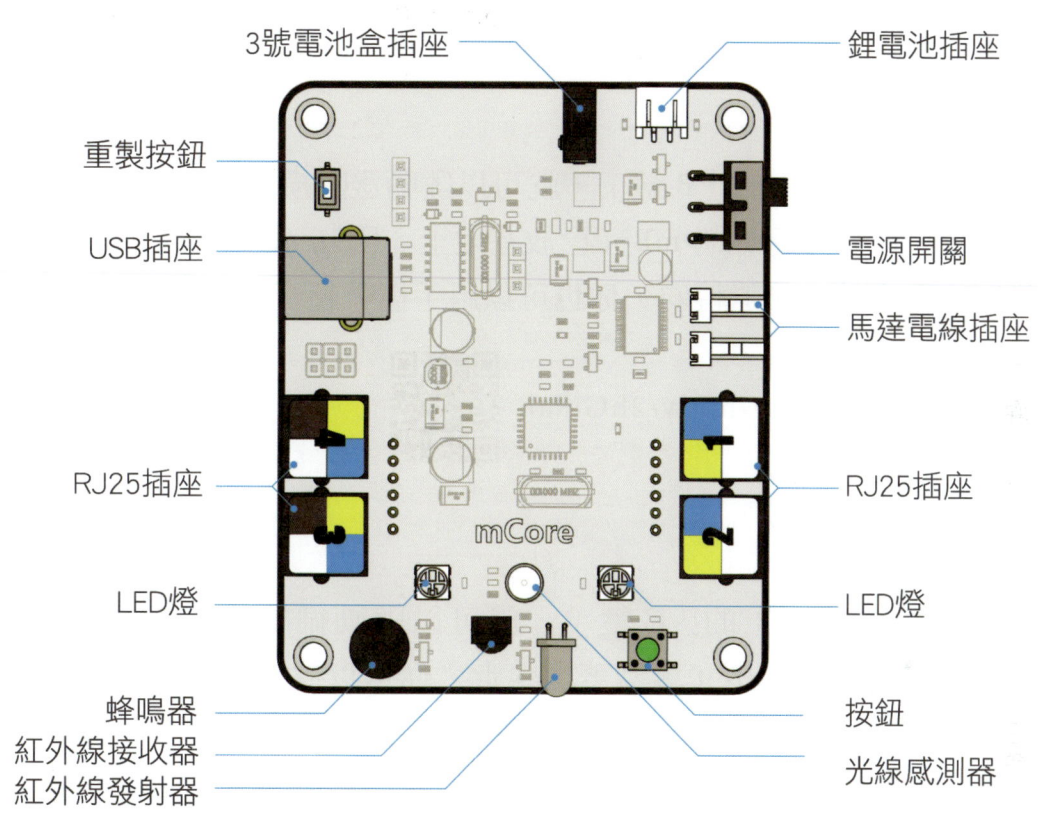

▲ mBot 的主控板 mCore

## 2-3 mBot 的預設程式

mBot 組裝後，已經有內置的原廠程式，即使不懂程式設計，你可以使用包裝內的紅外線遙控器（需要使用 CR2025 鈕扣型電池）體驗 mBot 的樂趣。

## 2-3.1　遙控模式

　　按下紅外線遙控器上的「A 鍵」，就可以啟動遙控模式，之後 mBot 上的 LED 會亮起白光。這時你可以用紅外線遙控器上的方向鍵控制 mBot 移動，亦可以用數字鍵改變 mBot 的速度，1 是最慢，9 是最快。

詳細介紹影片：http://bit.ly/2znbg0i

## 2-3.2　避障模式

　　按下紅外線遙控器上的「B 鍵」，就可以啟動避障模式，之後 mBot 上的 LED 會亮起綠光。這時請確保你的 mBot 已放在地上，因為 mBot 會一直向前走，直至它遇到障礙物，它就會後退轉向，你也可以用手擋著超音波感測器模擬障礙物。

詳細介紹影片：http://bit.ly/2hGiPah

## 2-3.3　循線模式

　　按下紅外線遙控器上的「C 鍵」，就可以啟動循線模式，之後 mBot 上的 LED 會亮起藍光。這時 mBot 會沿著黑線走，你可以放它在隨盒附送的 8 字型地圖上，亦可以購買黑色電氣絕緣膠帶，自己拼貼路線，也可以在電腦列印路線，但要注意黑線的粗細，不宜少於 2cm。也要注意印刷時黑色需要是純黑，才可以正常運行。

詳細介紹影片：http://bit.ly/2ygZEhD

## 2-4　安裝程式設計軟體

　　我們主要用幾款程式設計軟體遊玩 mBot，分別是在行動裝置上，我們可以分別使用「mBlock Blockly App」、「Makeblock App」及「mBlock App」；而在電腦上，我們可以使用 mBlock 3 或 mBlock 5。

## 2-4.1　M 部落

　　M 部落是一個機器人圖形化的程式編寫學習平台。通過關卡任務形式，讓初學者逐步掌握程式編寫的概念。

▲ 遊戲闖關模式進行

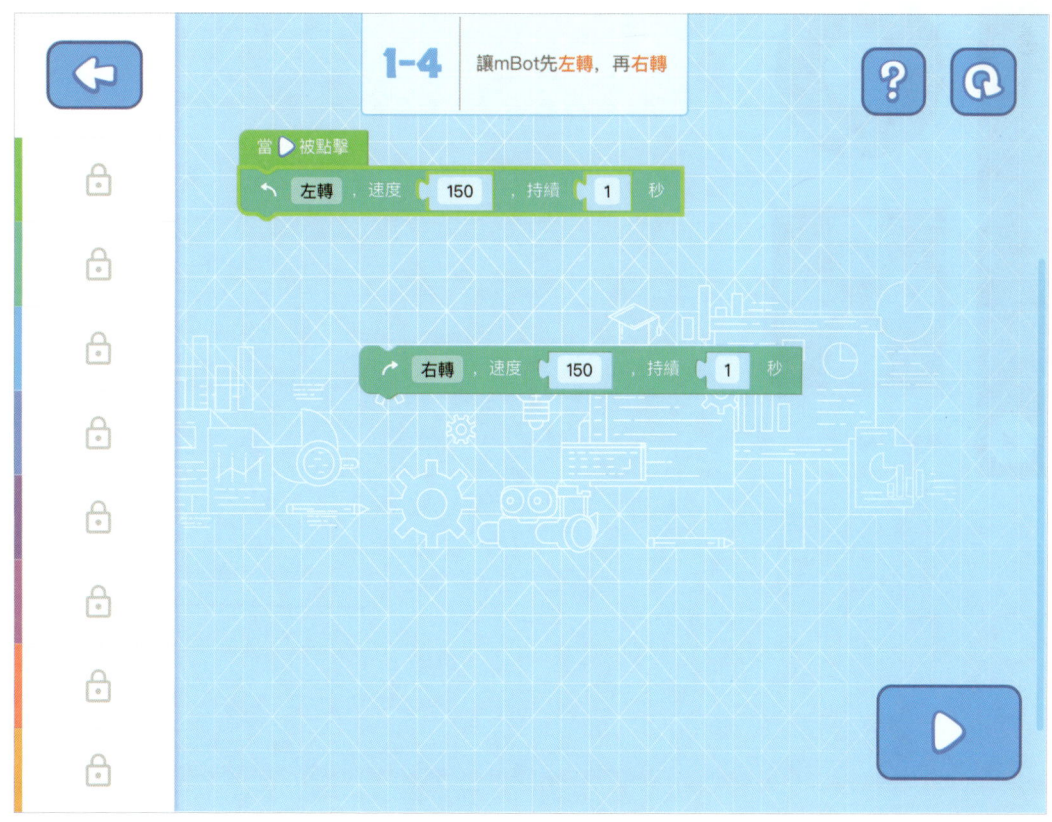

▲ 配以指示提醒工作

## 2-4.2　Makeblock App

　　Makeblock App 是一款用於機器人遙控的程式。除了遙控，使用者更可以自定程式，令遙控機器人更多元化。

▲ 預設不同控制方法

▲ 亦可自己進行程式設計

## 2-4.3　mBlock App

mBlock App 是官方在手機及平板裝置的 mBlock 程式。它可以讓使用者進行 Codey、Neuron、mBot、Halo Code，甚至比較大型的 Ultimate 2.0 的程式設計。

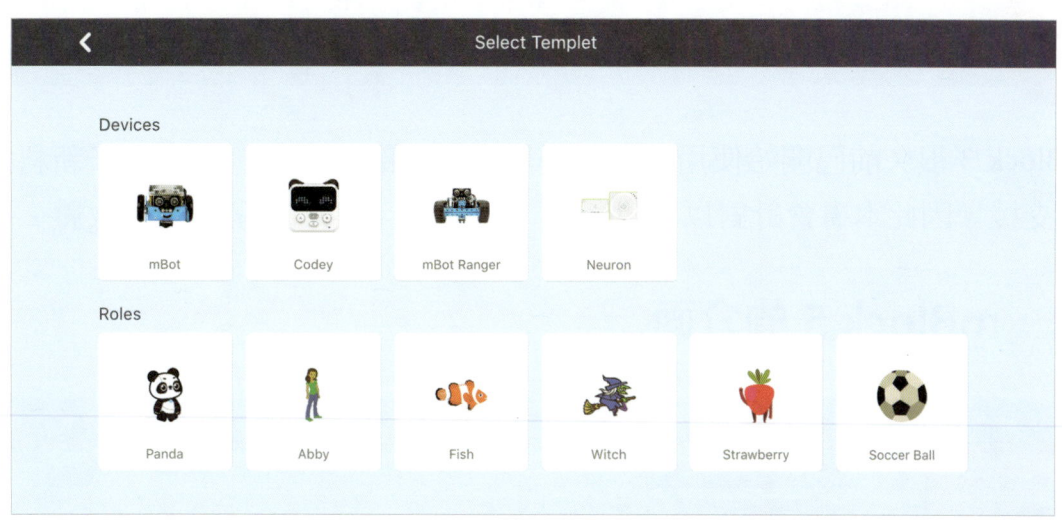

▲ mBlock App 同時可以支援 Codey 及 Neuron

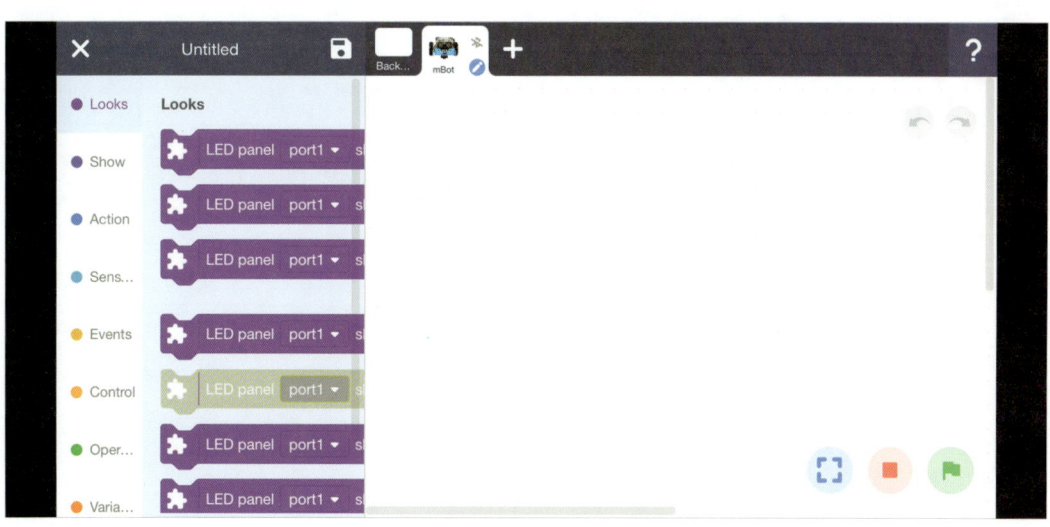

▲ 介面與 mBlock 5 相近

## 2-4.4　mBlock 3 及 mBlock 5

　　mBlock 3 是一款最適合初學者的程式設計軟體，繼承了 Scratch 2.0 簡單、易用等特點，並融合了 Arduino 強大的可拓展性。mBlock 支援線上控制（在線模式）與程序上傳（離線模式），只需輕輕拖曳 mBlock 語句，就像堆積木一樣簡單。同時能夠幫助初學者順利過渡到真正的程式設計語言。

　　而 mBlock 5 則是基於 Scratch 3.0 開發的圖像式程式設計軟體，也可使用 Python 及 Arduino C 程式設計，並增加了人工智慧（Artificial Intelligence）、深度學習（Deep Learning）、物聯網（IoT）及雲端技術（Cloud Message）等應用功能。

mBlock 3 及 mBlock 5 均可於 http://www.mblock.cc/download/ 下載。安裝後，首次使用需要安裝 CH340 驅動程式。

## 2-5　mBlock 5 的基本操作

mBlock 3 很久前已開始使用，很多小朋友或老師都會用，但有很多新科技及功能缺乏支援，因此本書會針對以 mBlock 5 作為遊玩 mBot 的程式設計軟體。

### 2-5.1　mBlock 5 的介面

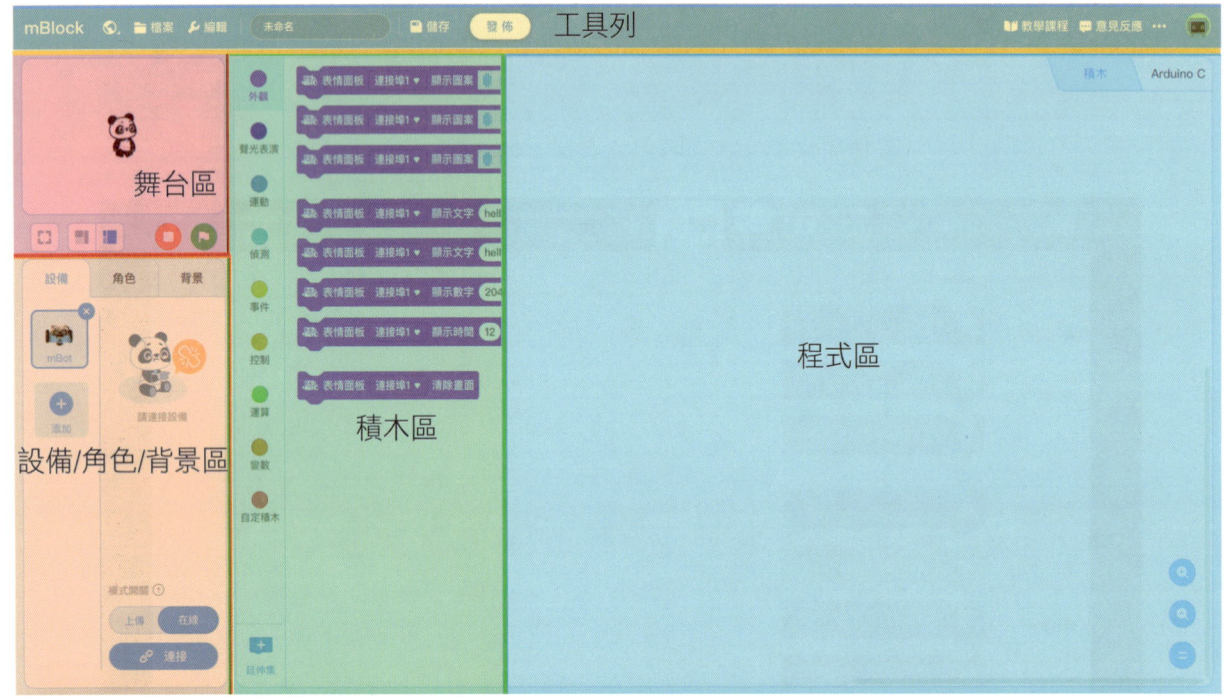

▲ mBlock 5 的介面

## 工具列

mBlock 5 的工具列主要控制 mBlock 5 的檔案、語言及 mBlock 帳戶。

▲ mBlock 5 的工具列選項

最左邊的是「檔案控制目錄」，負責「開新專案」、「開啟專案」及「開啟範例」等。左圖中，左二的按鈕可以轉換 mBlock 5 的介面語言。

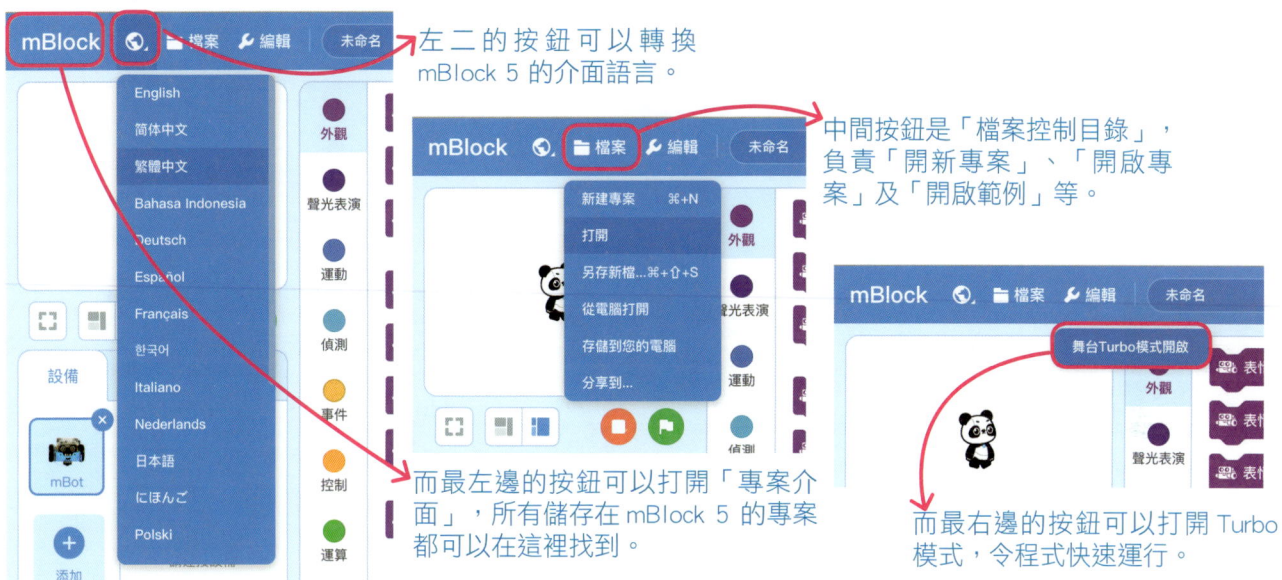

▲ mBlock 5 的工具列詳細選項

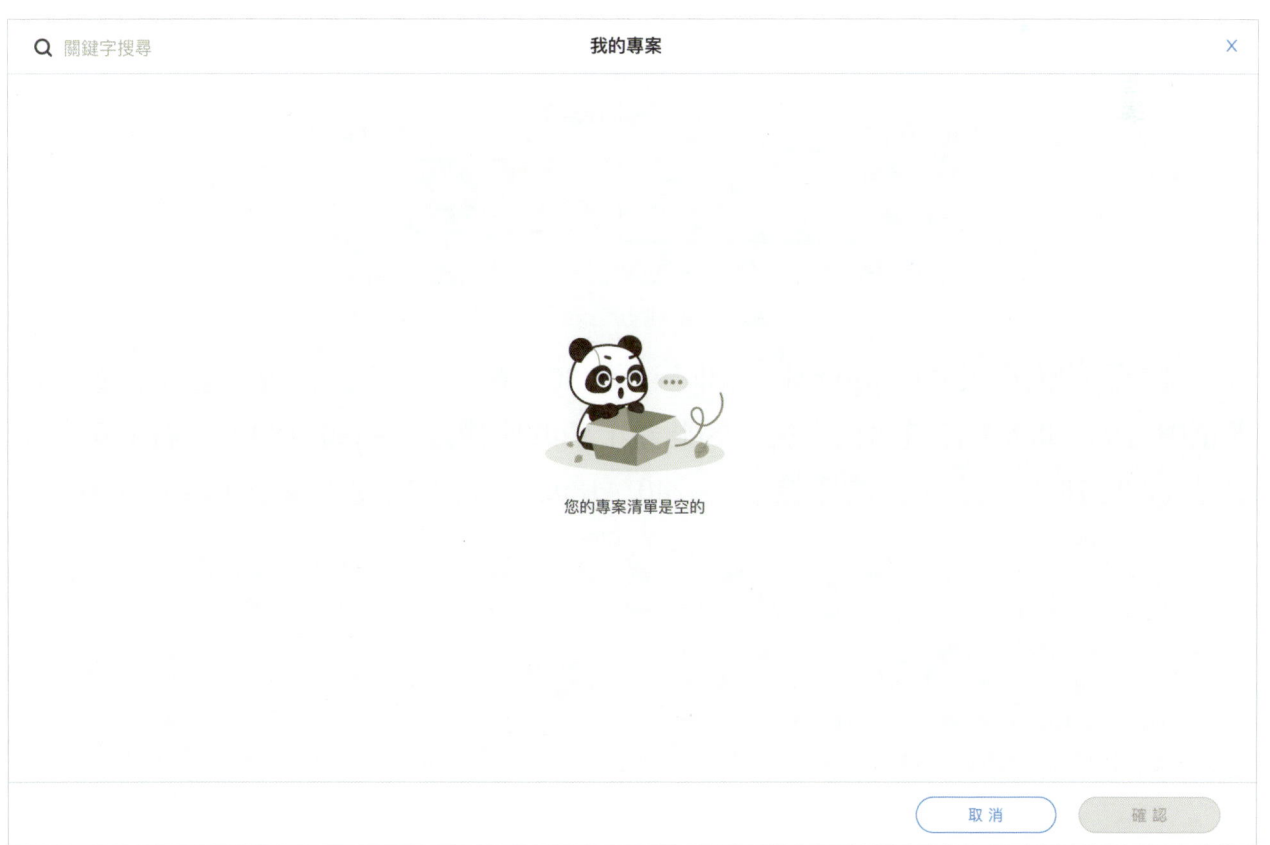

▲ mBlock 5 的專案介面

17

工具列正中間的是「快速儲存列」，可以快速為檔案命名。值得注意的是，「儲存」及「另存新檔」都只會儲存到 mBlock 5 的「專案介面」內，如果需要將檔案交給其他人，就需要使用「儲存到電腦」，把檔案儲存為「mBlock 檔案」。

而在工具列最右邊的是「mBlock 帳戶」，登入了 mBlock 帳戶可以使用人工智慧及物聯網等功能，也可以擴展程式的開發。

▲ mBlock 5 的快速儲存列

▲ mBlock 5 的登入介面

## 舞台區

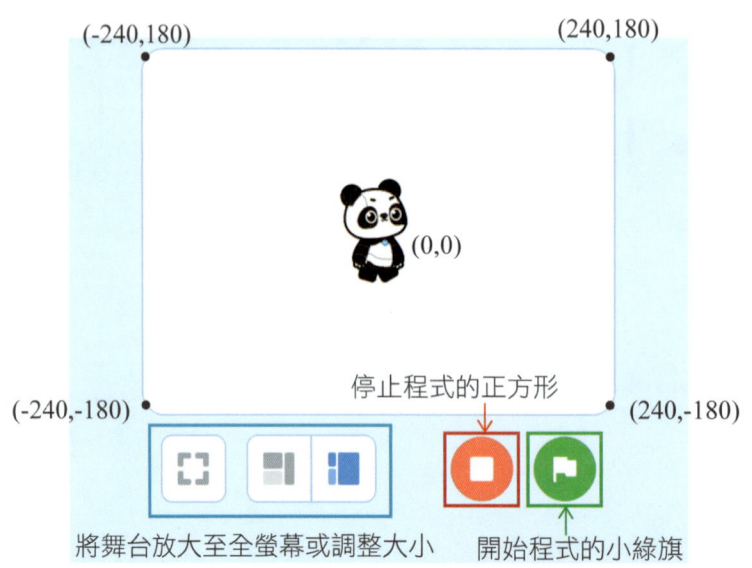

▲ mBlock 5 的舞台區

舞台區的大小尺寸與 mBlock 3 相同，長 480，寬 360，也是以座標表示位置，代表正中心的（0, 0）在畫面正中央，因此左上角的座標是（-240, 180）、右上角的座標是（240, 180）、左下角的座標是（-240, -180）、右下角的座標是（240, -180）。

## 設備／角色／背景區

「設備區」中第一次使用的預設設備是 Codey Rocky。我們可以按下「＋」選擇想要新增的設備，幾乎支援所有 Makeblock 的產品，連 mBlock 3 不支援的 Neuron 及 HaloCode 也有，甚至連其他品牌的產品，如 micro:bit 也可以支援。如果看到設備旁邊有一個綠色的「＋」，代表該設備有可用的更新。

▲ mBlock 5 的設備／角色／背景區

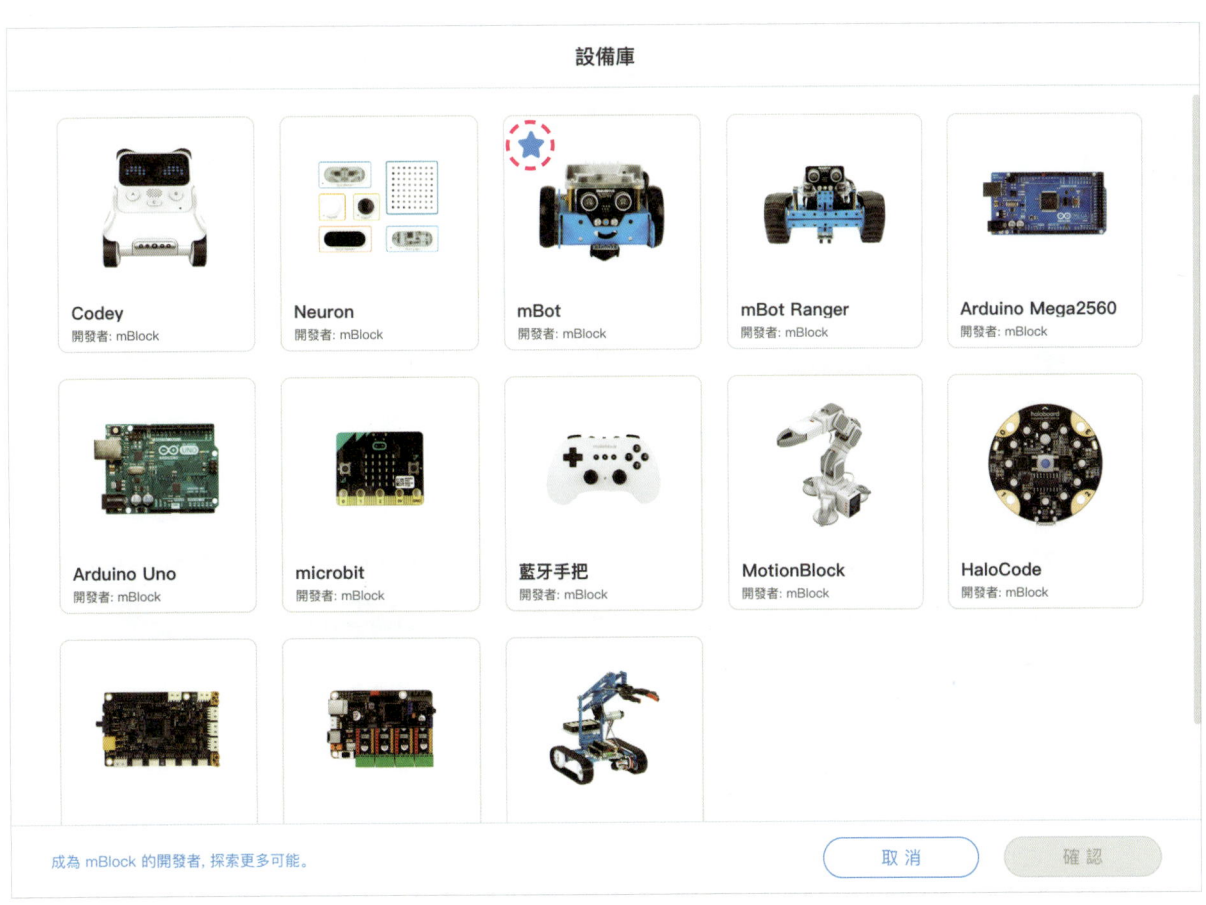

▲ mBlock 5 的設備庫

我們可以使用「星號」標註常用設備，那麼下次開啟 mBlock 5 時，預設設備就會是你標註的設備。而角色區可以新增、設定及刪除角色，也可以改變角色的造型及聲音。

背景區可以新增、設定及刪除背景，也可以改變背景的造型及聲音。

▲ mBlock 5 的角色區

▲ mBlock 5 的背景區

### 程式區

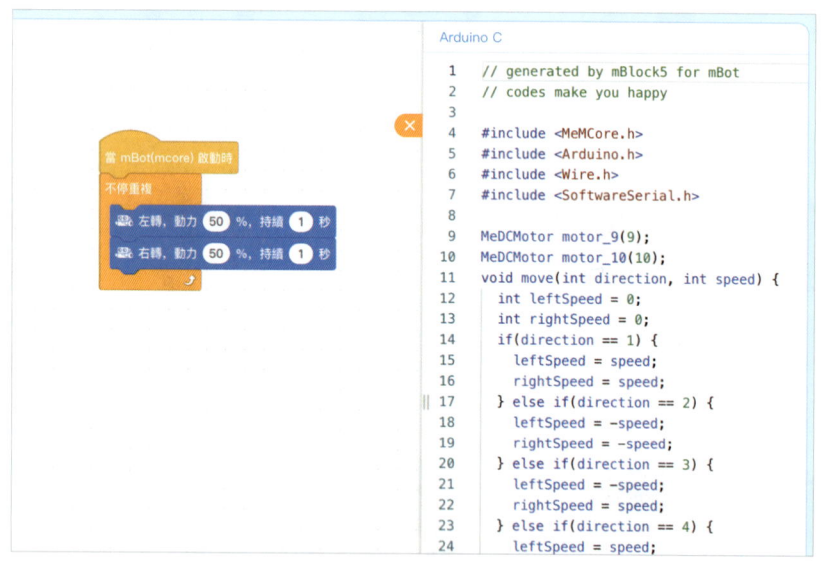
▲ mBlock 5 的程式區

　　程式區的右上角可選擇顯示積木或是程式碼，mBot 的程式碼選擇是 Arduino C，我們可以按下右邊的「</>」按鈕，打開預覽程式碼，做到積木程式設計時同時參照程式碼，進一步學習高階程式設計碼。

## 積木區

▲ mBlock 5 下 mBot 設備的積木區

　　積木區的積木按顏色及功能分類，與 mBlock 3 不同的是，與角色或是背景相關的積木會放在角色或是背景那邊的積木區中，不會放在設備區的積木區內，因此看起來會比較少積木選擇。另外，可以使用最底下的「＋」延伸集按鈕添加擴展功能，但目前選擇較少，相信將來會較多選擇。

## 2-5.2　mBlock 的積木

### 積木的功能類別

◆ 外觀積木需要與 Makeblock 的表情面板一同使用，可以控制表情面板顯示圖案、文字、數字或是時間。

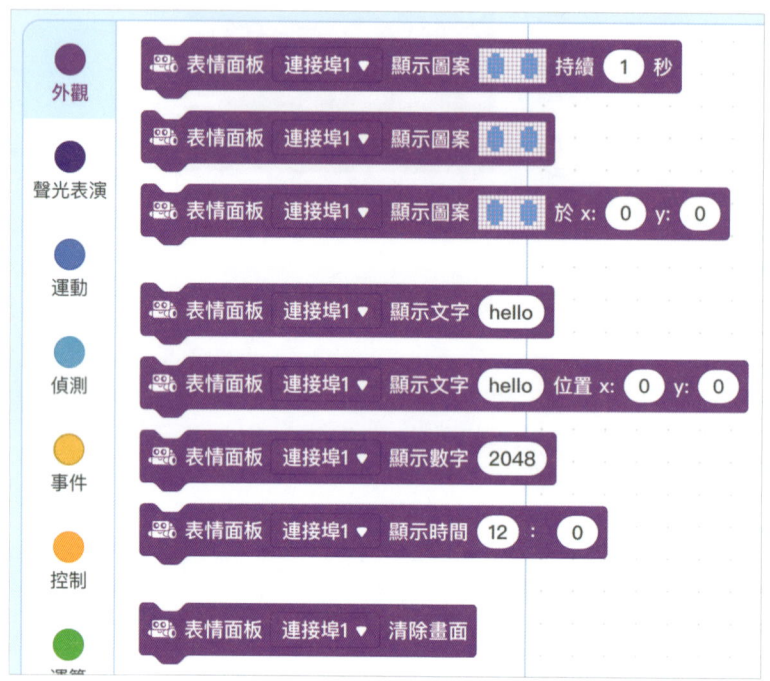

▲ mBlock 中的 mBot 外觀積木

◆ 聲光表演積木可以控制 mBot 上的板載 LED 及蜂鳴器，如果要使用額外的 LED，就要添加擴展「創客平台」，並使用當中的 LED 積木了。

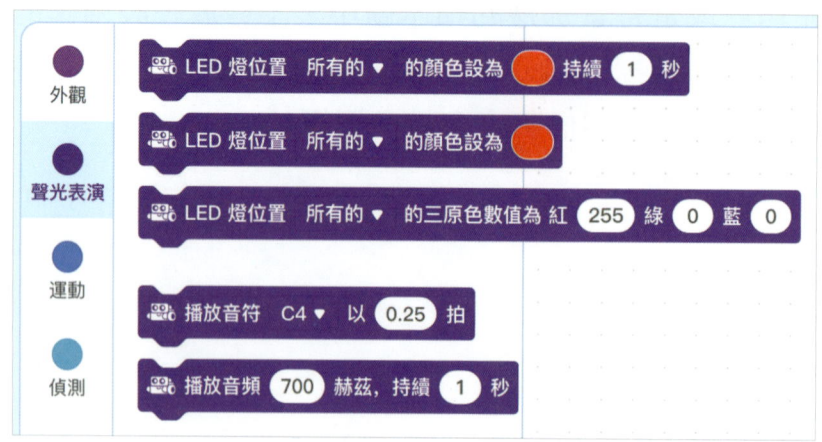

▲ mBlock 中的 mBot 聲光表演積木

◆ 運動積木可以控制 mBot 的馬達移動，如果要使用額外的伺服馬達，就要添加擴展「創客平台」，並使用當中的伺服馬達積木了。

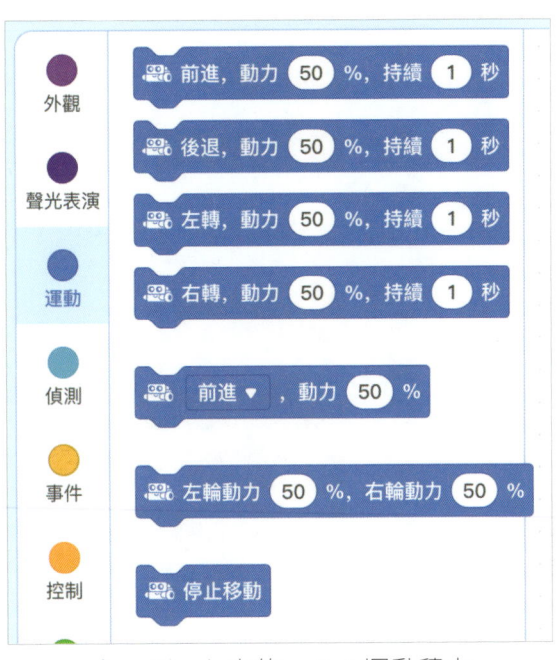

▲ mBlock 中的 mBot 運動積木

◆ 偵測積木可以讀取 mBot 的板載光線感測器、板載按鈕、超聲波感測器及循線感測器等原裝感測器的偵測數值，如果要使用額外的感測器，就要添加擴展「創客平台」，並使用當中的感測器積木了。

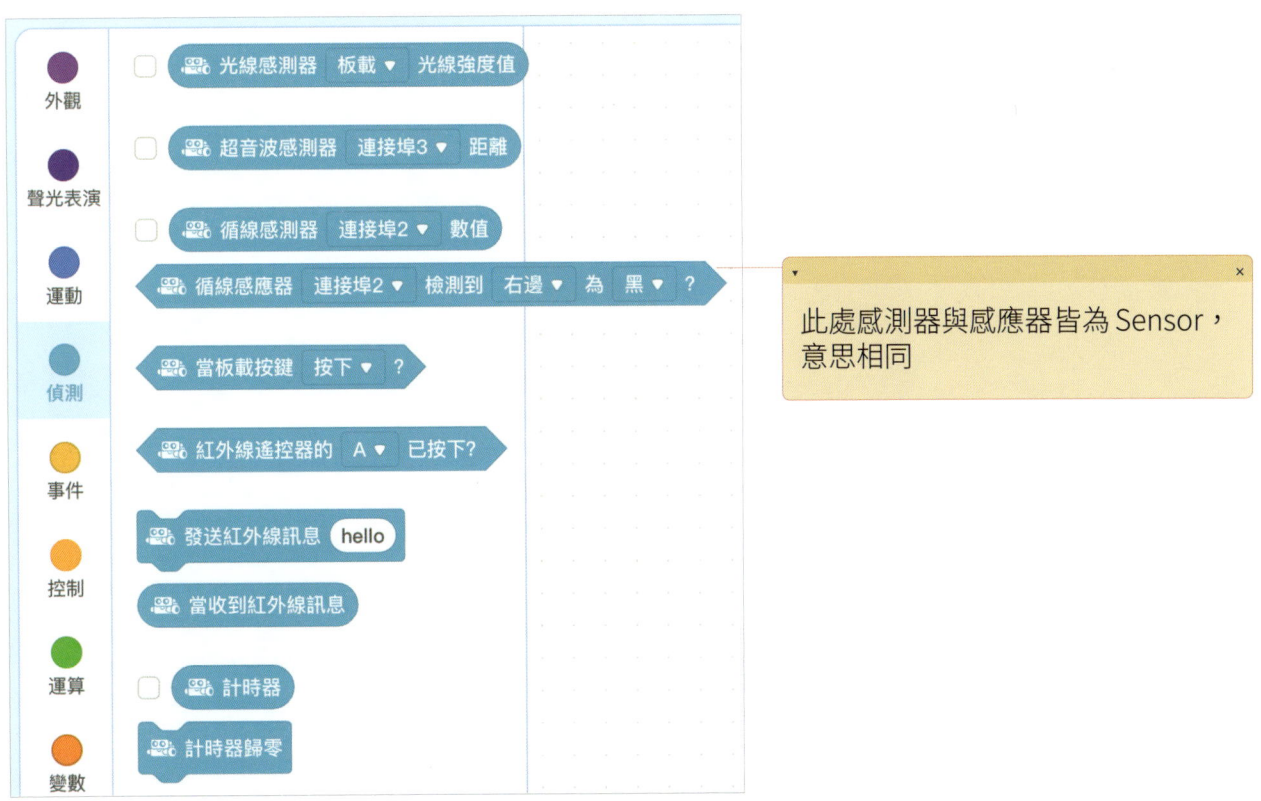

▲ mBlock 中的 mBot 偵測積木

◆ 事件積木可以控制 mBot 的程序開始時間，例如「當綠旗被點一下」時開始程序，或是「當 mBot（mCore）啟動時」開始。

▲ mBlock 中的 mBot 事件積木

◆ 控制積木包含多種不同的程序結構，如「不停重複」、「如果…那麼…」等。

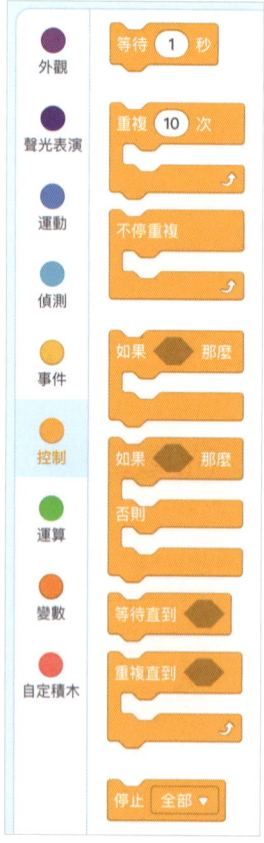

▲ mBlock 中的 mBot 控制積木

◆ 數學積木包含了四則運算、隨機數、布林值比較、文字及數學函式等積木。

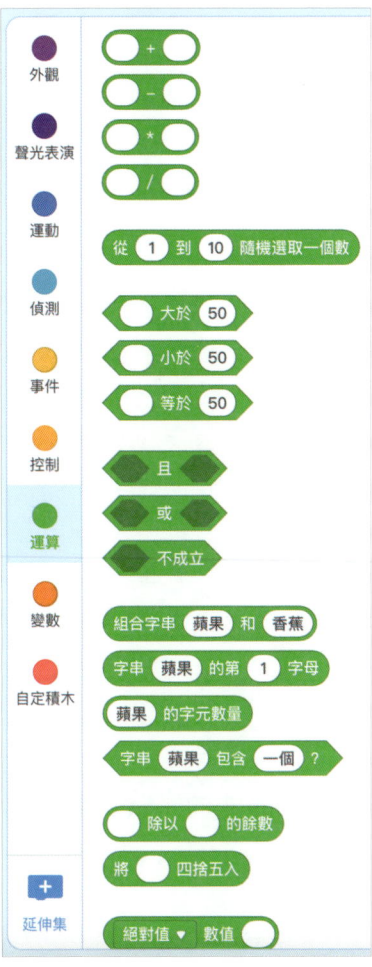

▲ mBlock 中的 mBot 數學積木

◆ 變數積木可以在「變數」欄中新增或使用變數積木及清單積木。

▲ mBlock 中的 mBot 變數積木

◆ 自定積木我們可以在「自定積木」欄中新增或使用自定積木指令，功能等同副程式，讓程序更加簡潔易明。

▲ mBlock 中的 mBot 自定積木

## 積木的種類

| 名稱 | 用法 | 外貌 |
| --- | --- | --- |
| 帽子積木<br>（Hat Block） | 程式開頭使用 | |
| 堆疊積木<br>（Stack Block） | 完整的命令，執行一種動作 | |
| 數值積木<br>（Reporter Block） | 圓邊，數值或字串的相關命令 | |
| 真假積木<br>（Boolean Block） | 產生邏輯值的命令 | |
| C 型積木<br>（C Block） | 形狀像 C 的命令，又稱為包覆命令，通常應用於程式流程控制 | |
| 底部積木<br>（Cap Block） | 應用於程式停止 | |

## 2-5.3 mBot 的連接方式

要使用程式啟動 mBot，首先要連接 mBot 到 mBlock 5，連接時可以使用 USB 連接線或 Bluetooth Dongle。

▲ Bluetooth Dongle

Bluetooth Dongle 適用於 mBot 及其他大部分 Makeblock 產品，可以配合 mBlock 3 或 mBlock 5 做到無線程式設計。使用方法相當簡單，將 Bluetooth Dongle 插入電腦，並讓 Makeblock 裝置靠近 Bluetooth Dongle，即可自動藍牙連接。連線方式可分為連線模式和上傳模式。

### 連線模式－測試與控制階段

平常上課，我們可以用連線方式來測試結果，用電腦即時跟 mBot 進行互動測試。此時，可以使用「當綠旗被點一下」來執行程式，或是直接點擊程式積木來測試。執行中的程式周圍會出現黃色。旗子積木可以同時有二個以上，同時執行二個程式。

▲ 未連線狀態

▲ 可以使用 USB 或藍牙，選擇需要連接的設備

## 上傳模式 — 自走階段

如果要讓車子在地上自動行走，程式就需要以「事件」積木中的「當 mBot（mCore）啟動時」作為開始積木，並上傳程式到 mBot 的 mCore 中。

▲ 「事件」積木中的「當 mBot（mCore）啟動時」

▲ 上傳程式

完成程式後，可以點選「設備區」中的「上傳」選項，「上傳」按鈕就會出現，那就可以開始上傳程式。當上傳完成時，視窗會自動消失。在上傳過程中，切勿斷開電腦與 mBot 的連接，以免對 mCore 造成破壞。

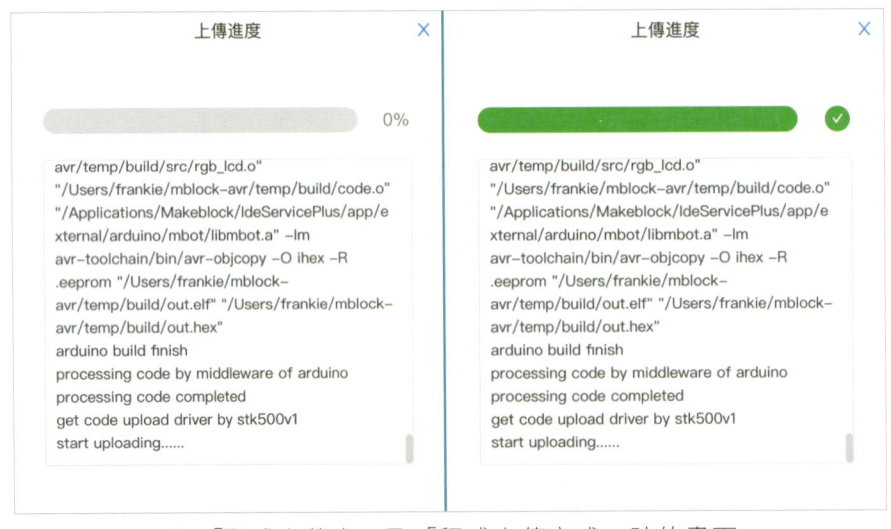

▲ 「程式上傳中」及「程式上傳完成」時的畫面

28

## 2-5.4 還原出廠程序及更新 mBot 韌體

在 mBlock 5 中，還原出廠程序及更新 mBot 韌體被整合成同一個動作。在程式設計的過程中，如果發現 mCore 出現異常，都可以嘗試更新 mBot 的韌體，然後再重新嘗試。

**STEP 1** 點選「設備區」中的「設置」，然後點選「更新韌體」

**STEP 2** 點選「更新韌體」準備開始更新韌體

**STEP 3** 選擇「韌體版本」，然後點選「更新」開始

**STEP 4** 「韌體更新中」及「韌體更新完成」時的畫面

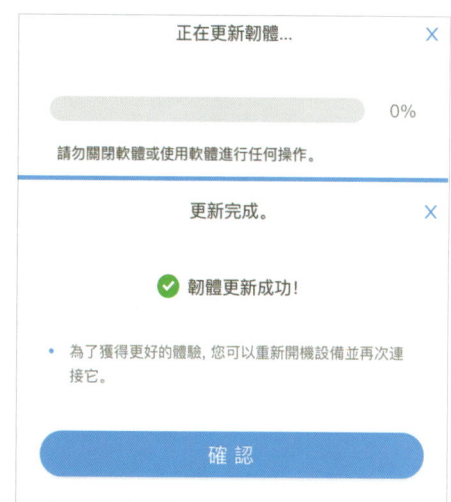

## 2-5.5　mBlock 5 其他注意事項

1. 與 mBlock 3 不同，安裝 mBlock 5 時已經安裝了驅動程式，不需要額外安裝。

2. 如果使用 Bluetooth Dongle，連接時使用「USB 連接」就可以了，不需要使用「藍牙連接」。

3. 有些時候，積木會變成灰色，即表示在當前模式下不能使用。

4. 韌體版本分成兩種，一種是「線上更新韌體」，代表目前最新版本的韌體版本；另一種是「原廠韌體」，代表出廠的韌體配置。更新時建議選擇「線上更新韌體」作韌體版本，可以確保 mBot 所有配置均是最新的。

5. mBlock 5 儲存的檔案類型是「*.mblock」，而 mBlock 3 儲存的檔案類型就是「*.sb2」，進行檔案互換時要注意。

# Chapter 03
# 變數與運算子

3-1　變數是什麼？

3-2　運算子又是什麼？

3-3　清單是什麼？

3-4　副程式又是什麼？

3-5　程式範例

## 3-1 變數是什麼？

我們在編寫程式設計時，經常要處理大量數據，這時我們會用到變數（Variable）來儲存一些我們將來需要用到的、或是用作暫時處理的數據。

我們可以想像變數是一個「盒子」，這個「盒子」有它自己專屬的名字，名字不會重複，每次我們需要用到它時，只要呼叫它的名字，就可以把數據儲存到這個「盒子」內，或是從「盒子」中拿出數據。「盒子」可以放文字或是數字，在某些高階的程式語言中，要使用新「盒子」前，除了需要給它一個名字外，還需要宣稱「盒子」的類型，即是告訴電腦只可以放文字還是數字，放其他類型會導致出錯。

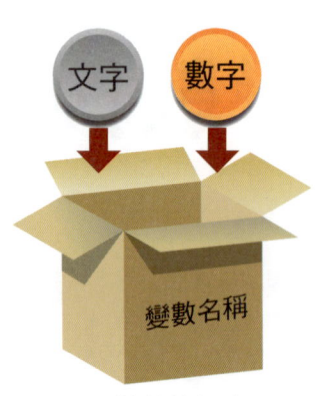

▲ 變數的概念

### 3-1.1 如何在 mBlock 5 中使用變數

在 mBlock 5 中，我們使用新變數前，只需要給它一個名字就可以了。從「變數」欄中點選「建立變數」。

**STEP 1** 「變數」欄中點選「建立變數」

**STEP 2** 「新增變數」

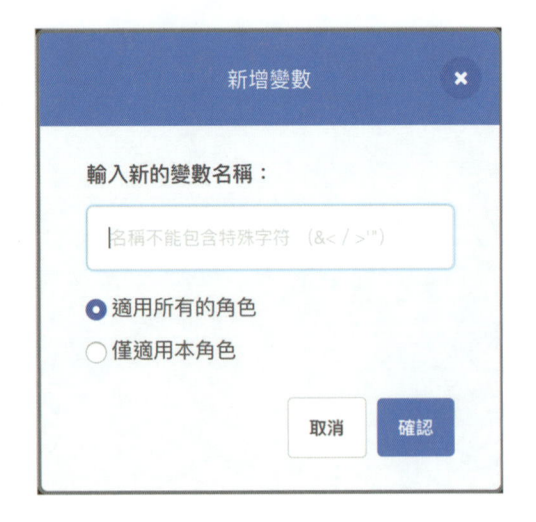

變數的名字可以是中文、英文、數字或是部分符號，例如「－」、「＿」等，但不可以使用「＆」、「＜」、「／」及「＞」。另外，變數也不能以數字作開始字元，否則有可能會造成程式編譯時出錯。

一般來說，我們會使用有意義的文字作為變數的名字，例如「carSpeed」或「車子速度」等字眼表達車子的速度。如果我們用「cs」表達車子的速度，程式就只有編寫的人能夠明白了；當我們要讓其他人改寫程式還是查看程式時，就要花時間查詢和理解每一個變數的意思，造成不必要的麻煩。

變數名稱下方有兩個選項，「適用所有的角色」代表「全域性變數（Global Variable）」，我們一般會使用這種變數，使用時比較方便，但因為任何角色或舞台都可以改變它的值，出錯的機會亦因此提高。「僅適用本角色」代表「區域性變數（Local Variable）」，由於使用彈性低，因此較為少用。

## 3-1.2 變數的使用

建立了最少一個變數後，「變數」欄會多了一些新的積木。分別是一個數值積木和兩個堆疊積木。

### 取得變數當前的值

數值積木是使用變數時用的，每建立了一個變數，就會有一個數值積木。我們使用時，只需要直接取出就可以知道變數的值，就好像探頭看看「盒子」是什麼一樣。那個值可以是文字或是數字，視我們把變數設定成什麼。一般情況下，新建立的變數是「空空如也」，沒有文字，當作數字使用時會是 0。

▲ 建立變數後的「變數」欄

### 將變數設為…

一個變數不可能永遠放同一個數值，當我們需要改變變數的數值時，我們可以使用「變數……設為……」，直接將指定變數的值改變，就好像將「盒子」內的物件換成另一樣東西。這種改變與它本來的值是什麼沒有關係，本來是文字可以改變成數字，同樣地數字也可以改變成文字。

▲ 將變數……設為……

### 變數改變為…

除了可以直接設定變數的值外，我們也可以使用「變數……改變……」，按原來的值去改變。它只可以改變數值是數字的變數，對文字沒有效果。使用時如果放入正數會令變數的數值加大，相反的，放入負數會令變數的數值減少，例如：變數的數值原本是 1，「變數改變（1）」，變數的數值會變成 2，相反，「變數改變（-1）」，變數的數值就會變成 0。

▲ 將變數……改變……

## 3-2 運算子又是什麼？

運算子（Operators）是程式設計中一種能夠讓變數的數值產生多種變化的功能，當中包含算術、比較、邏輯運算及賦值（直接改變變數的數值）也算是運算子。在 mBlock 5 中，資料的運算大致上可分為以下六種：

1. 指定運算子
2. 四則運算子
3. 比較運算子
4. 邏輯運算子
5. 字串運算子
6. 數學運算子

### 3-2.1 指定運算子（Assignment）

指定運算子是將一個變數的數值改變成另一個數值的運算子，可以在建立變數後，在「變數」欄中找到，當中包括：

▲ 將變數……設為……　　　　　　▲ 將變數……改變……

### 3-2.2 四則運算子（Calculation）

四則運算子是對變數進行四則運算（加、減、乘、除）的運算子，可以在「運算」欄中找到，當中包括：

▲ 加法　　▲ 減法　　▲ 乘法　　▲ 除法

## 3-2.3 比較運算子（Boolean）

比較運算子是應用於需要比較兩個不同變數時使用的「條件式」運算子，會回傳「條件式」是否成立的布林值（真／假），可以在「運算」欄中找到，當中包括：

▲ 小於   ▲ 等於   ▲ 大於

## 3-2.4 邏輯運算子（Algorithm）

邏輯運算子是可以判斷「條件式」以共同成立、任何一個成立、或不成立時，令變數比較關係加強的一種運算子，可以在「運算」欄中找到，當中包括：

▲ 且（AND）   ▲ 或（OR）   ▲ 不成立（NOT）

## 3-2.5 字串運算子（String）

字串運算子是用於組合或分拆文字變數的運算子，可以在「運算」欄中找到，當中包括：

▲ 組合文字   ▲ 分拆文字成單字

## 3-2.6 數學運算子（Mathematics）

數學運算子是對數字變數進行四則運算以外數學函式的運算子，可以在「運算」欄中找到，當中包括：

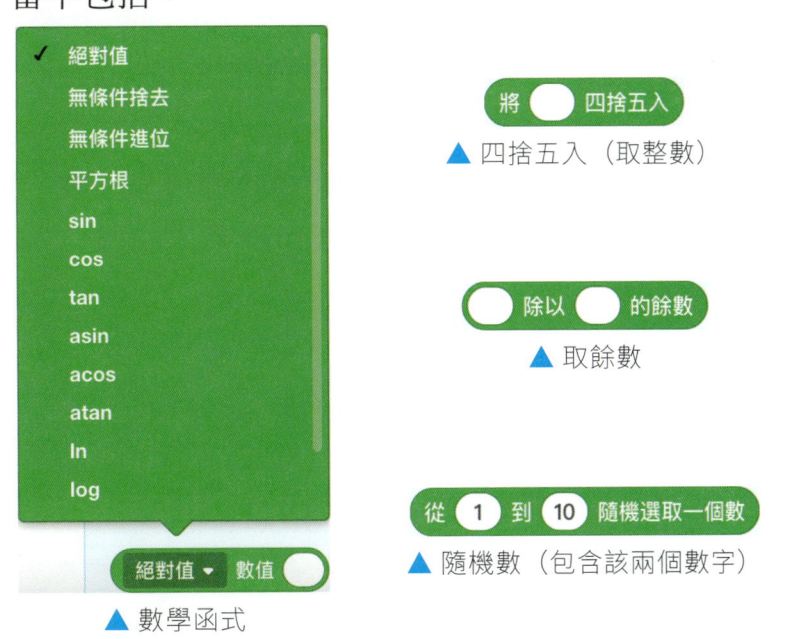

▲ 數學函式

▲ 四捨五入（取整數）

▲ 取餘數

▲ 隨機數（包含該兩個數字）

## 3-3 清單是什麼？

清單（List）能集合一群具有「相同名稱」及「資料型態」的變數，讓變數變得更有系統。但是清單不能在上傳模式中使用，因此如果要讓 mBot 在上傳運行時使用清單，可以使用 Arduino C 程式語言，或使用多個變數，製成一個「假清單」。

### 3-3.1 建立清單

在編寫 mBlock 5 程式時，如果要時常收集連續性的資料時，可以使用清單。要建立一個清單，可以從「變數」欄中點選「做一個清單」。

**STEP 1** 「變數」欄中點選「做一個清單」

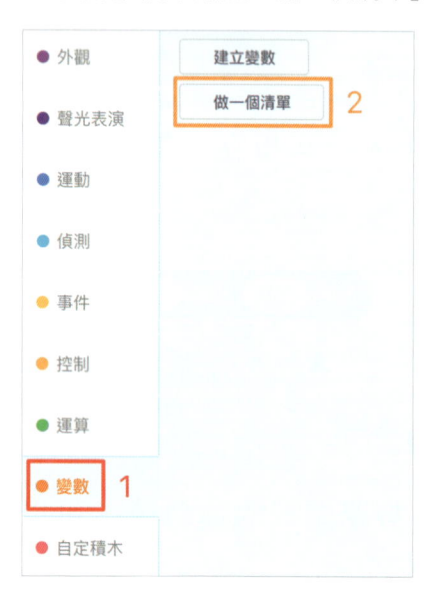

**STEP 2** 「新增清單」

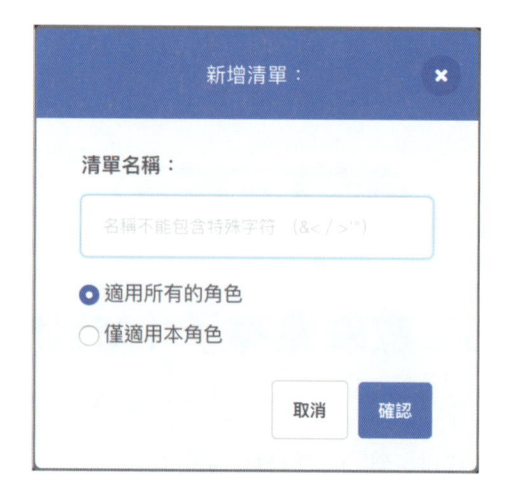

建立清單時需要給予清單一個名稱，名稱的限制和準則與建立變數一樣。「適用所有的角色」代表「全域性清單（Global List）」，同樣地，我們一般會使用這種清單，因為使用時比較方便。也因為任何地方都可以改變它的值，出錯的機會亦因此提高。「僅適用本角色」代表「區域性清單（Local List）」，由於使用彈性低，因此較為少用。

## 3-3.2 清單專用的運算子

成立建立清單後,「變數」欄會多了一些新的積木。除了取用清單的積木外,還有不少清單專用的運算子,底下是建立「速度」清單後的積木。

速度清單
▲ 取用清單,顯示的是清單名稱

刪除清單 速度清單▼ 的第 1 項
▲ 刪除「清單」中第「N」項資料

插入 1 到清單 速度清單▼ 的第 1 項
▲ 插入「物品」到「清單」中第「N」項資料的前面

清單 速度清單▼ 的第 1 項資料
▲ 取用「清單」中第「N」項資料

清單 速度清單▼ 的資料數量
▲ 取用「清單」的資料數量

添加 物品 到清單 速度清單▼
▲ 添加「物品」到「清單」

刪除清單 速度清單▼ 內所有資料
▲ 清空「清單」中所有資料

替換清單 速度清單▼ 的第 1 項為 1
▲ 修改「清單」中第「N」項資料「為…」

項目 # 物品 在 速度清單▼
▲ 取用「清單」中符合「物品」的第一項資料的位置

清單 速度清單▼ 包含 物品 ?
▲ 取用「清單」中是否有「物品」存在的布林值

# 3-4 副程式又是什麼?

副程式(Sub-Function)用於集合一些常用且重複撰寫的程式碼,經常用於大型的程式中。它可以使程式更簡化,因為把重複的程式模組化,也增加程式的可讀性,提高程式的維護性,而且節省程式所占用的記憶體空間及重複編寫程式的時間。

## 3-4.1 建立副程式

在編寫 mBlock 5 程式時,如果要將獨立的功能寫成「副程式」,以便日後的維護工作,可以使用副程式。要建立一個副程式,可以從「自定積木」欄中點選「新增積木指令」。

**STEP 1** 「自定積木」欄中點選「新增積木指令」

**STEP 2** 「建立一個積木」

宣告副程式時，可以選擇是否需要加入參數（Parameter）。我們編寫程式設計時可能需要將一些資料從主程式傳遞到副程式，參數就是傳遞的方法。參數可以是數字、文字或是一個「條件式」。而標籤文字就可以為副程式加入簡單的註解。

## 3-4.2　副程式的呼叫及編輯

建立副程式後，「自定積木」欄會多了一個新的堆疊積木，用於使用程式。另外，在程式區會多了一個帽子積木，用於編寫副程式的內容：

▲ 使用副程式的堆疊積木

▲ 編寫副程式的帽子積木

## 3-5 程式範例

程式運用了兩個變數，一個負責儲存當時的數字，名為「變數」；另一個負責儲存當時處理加數還是減數，名為「變值」。當「變數」大於 10 時，將「變值」設為 –1，令每次「變數」改變時，會將數值減 1。但當「變數」小於 1 時，將「變值」設為 1，令每次「變數」改變時，會將數值加 1。

另外，在「不停重複」前「變數」設為 1 至 10 中的一個隨機數，「變值」先設為 1，就可以令程式將「變數」從 1 至 10 中隨機開始，然後「變數」的數值順序增加直到 11，並在之後倒序減少直到 0，然後再重新順序增加。在「不停重複」結束前，加入「等待 0.5 秒」，讓我們可以看到數值慢慢變化。

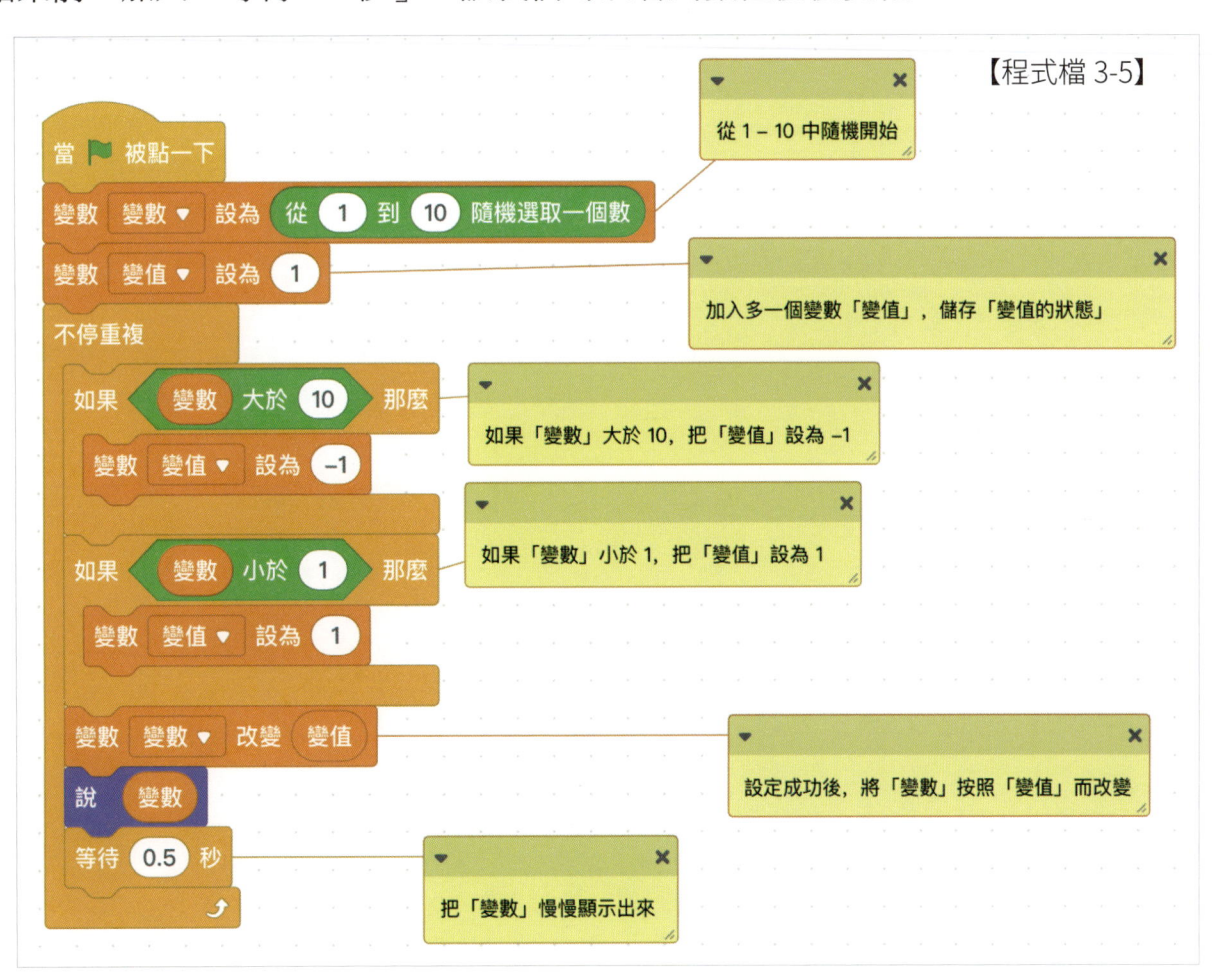

【程式檔 3-5】

- 從 1 – 10 中隨機開始
- 加入多一個變數「變值」，儲存「變值的狀態」
- 如果「變數」大於 10, 把「變值」設為 –1
- 如果「變數」小於 1, 把「變值」設為 1
- 設定成功後，將「變數」按照「變值」而改變
- 把「變數」慢慢顯示出來

# notes

# Chapter 04

# 讓 mBot 動起來

4-1 馬達的種類
4-2 馬達的原理
4-3 mBot 的基本移動功能
4-4 如何控制 mBot 馬達
4-5 mBot 的移動距離
4-6 mBot 的轉動角度
4-7 程式範例
實作題

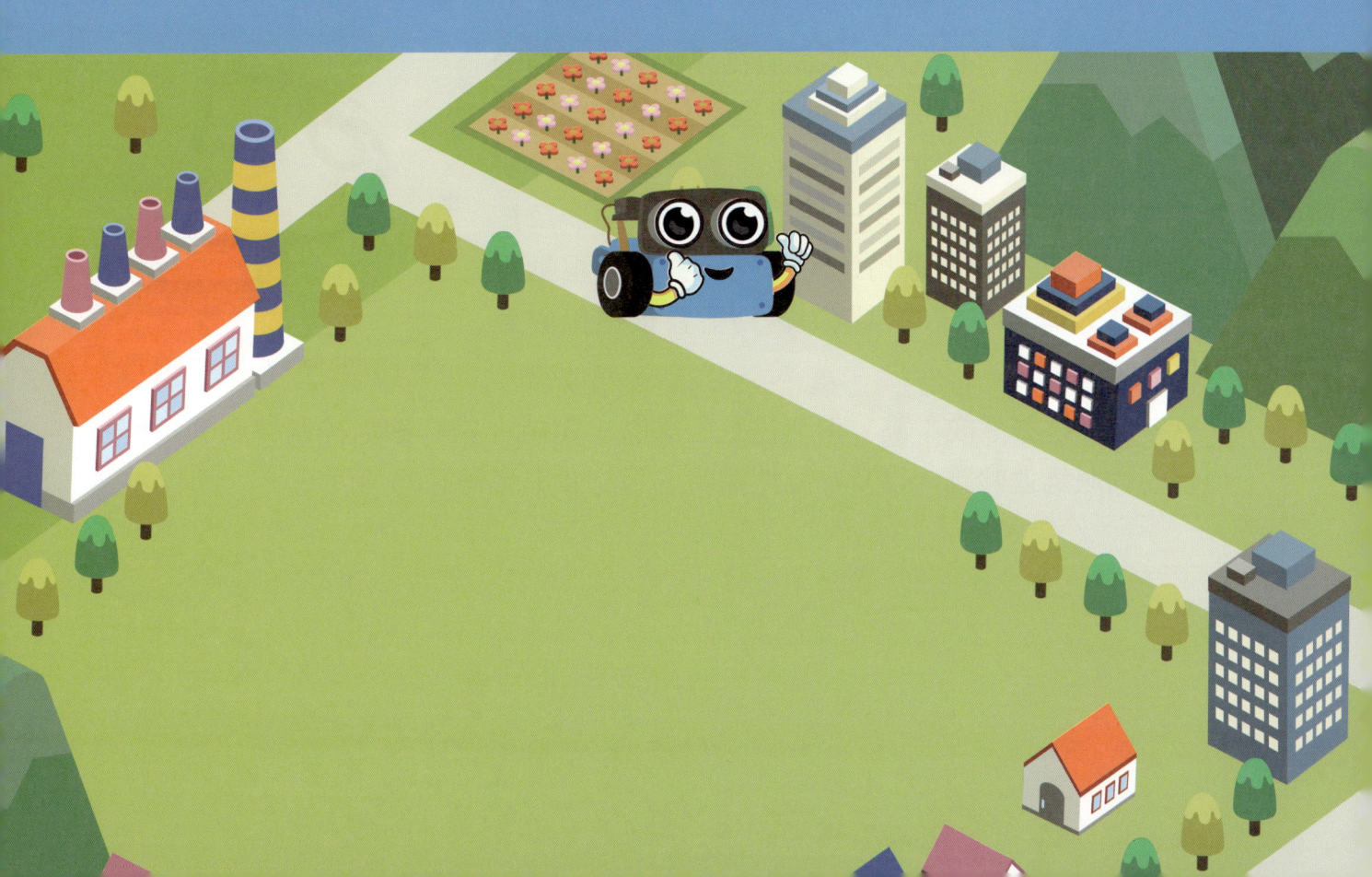

## 4-1 馬達的種類

馬達是目前機器人的主要驅動裝置，可以作為機器人的活動關節與動力來源。在日常的小型機器人中常見的馬達有三種：直流馬達、步進馬達及伺服馬達。

### 直流馬達（DC Motor）

直流馬達是依靠直流電驅動的馬達，以電壓大小控制馬達轉速，僅能朝單一方向轉動，改變電流方向可以改變轉動方向，在小型電器上的應用十分廣泛。

▲ Makeblock 12V/50RPM/200RPM 直流馬達

### 步進馬達（Stepper Motor）

相對於一個差不多大小的伺服馬達，步進馬達的價錢較昂貴，但更容易使用。步進馬達之所以叫作「步進」，是因為它們會以一步步的形式轉動。使用步進馬達時，我們需要一個步進馬達驅動器及控制器。當我們控制步進馬達時，我們會給予驅動器一個步數及轉動方向的信號，驅動器會根據接收到的信號驅動馬達。

▲ Makeblock 81042 步進馬達

步進馬達雖然成本高，但無需進行調整，還能非常精確地控制轉動的角度，但是較伺服馬達吵雜，以及在高轉速時，可能會影響轉動的角度。

## 伺服馬達（Servo Motor）

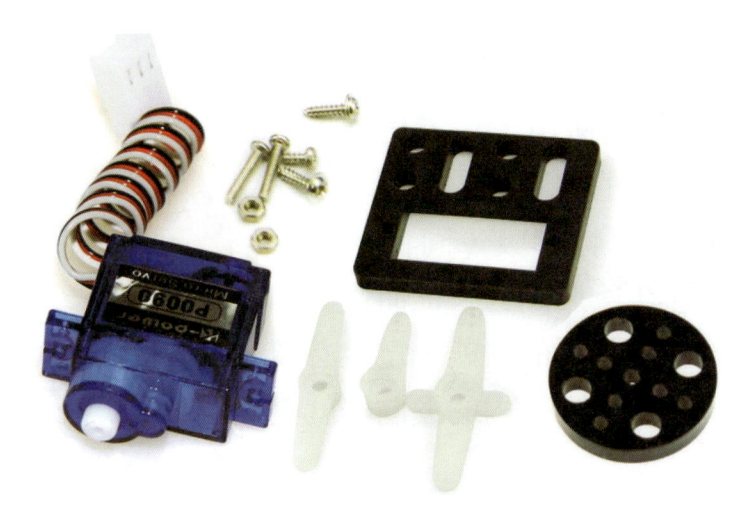

▲ Makeblock 9g 伺服馬達配件套

　　伺服馬達和步進馬達之間最大的區別是，伺服馬達會使用控制迴路運行並會需要某種反饋。控制迴路使用來自馬達的反饋來幫助馬達達到所需的狀態，例如位置和速度等。伺服馬達有很多種不同的控制迴路，如常見的 PID（比例、積分、微分）。

　　使用 PID 等控制迴路時，可能需要調整伺服馬達。由於伺服馬達具有控制迴路以檢查它們處於什麼狀態，因此它們通常比步進馬達更可靠。當步進馬達因為任何原因錯過一個步驟時，它們不會有控制迴路來補償移動。伺服馬達中的控制迴路不斷檢查馬達是否在正確的路徑上，如果不是，則會自動進行必要的調整。

　　除非使用微步進馬達，否則一般情況下，伺服馬達比步進馬達運行得更平穩。此外，隨著速度的增加，伺服馬達在高速轉動時的穩定性比步進馬達更好。同時，比步進馬達寧靜，而且有不同的尺寸可供選擇。當然，效能較好自然會有較大的成本，而且需要較多的維護。

## 4-2 馬達的原理

　　mBot 機器人的車輪使用了直流馬達。當電流通過放置在磁鐵內的線圈時，線圈周圍就會產生磁場，根據「異性相吸，同性相拒」的原理，線圈就會產生一股動力，從而使其轉動。為了讓線圈保持在轉動的狀態，電流必須定期反轉流動方向，這時馬達內的換向器就發揮作用了。

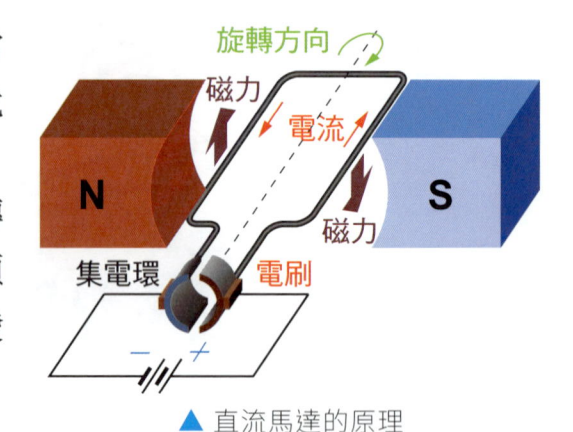

▲ 直流馬達的原理

## 4-3 mBot 的基本移動功能

　　平常我們看見的車子有四個車輪，前面兩個負責控制方向，沒有動力，而後面的兩個負責動力，只能向前轉或是向後轉。但是 mBot 機器人只有三個車輪，前面的車輪更只是輔助輪，只能保持 mBot 機器人的平衡。因此，mBot 機器人的移動都依靠後面兩個輪子互相配合來進行，包括前進、後退、左轉、右轉及原地迴轉等動作。

| 移動方向 | 左馬達（馬達 1） | 右馬達（馬達 2） |
| --- | --- | --- |
| 前進 | 正常速度－前轉 | 正常速度－前轉 |
| 後退 | 正常速度－後轉 | 正常速度－後轉 |
| 左轉 | 較慢速度－前轉 | 正常速度－前轉 |
| 急彎左轉 | 較慢速度－前轉 | 較快速度－前轉 |
| 右轉 | 正常速度－前轉 | 較慢速度－前轉 |
| 急彎右轉 | 較快速度－前轉 | 較慢速度－前轉 |
| 原地迴轉（左） | 正常速度－後轉 | 正常速度－前轉 |
| 原地迴轉（右） | 正常速度－前轉 | 正常速度－後轉 |

## 4-4 如何控制 mBot 馬達

　　mBot 機器人共有兩個馬達，分別是左邊的馬達 1（M1）和右邊的馬達 2（M2）。mBot 機器人有兩種控制模式，我們可以因應需要，使用不同的控制模式。第一種是「雙馬達」控制，使用比較簡單，只需要選擇「方向」和「轉速」就可以同時控制兩個馬達，但轉向時只能原地迴轉。另一種是「單馬達」控制，我們需要控制個別馬達的「車輪轉動方向」和「轉速」，但轉向時可以根據需要，做出帶弧度的轉彎。

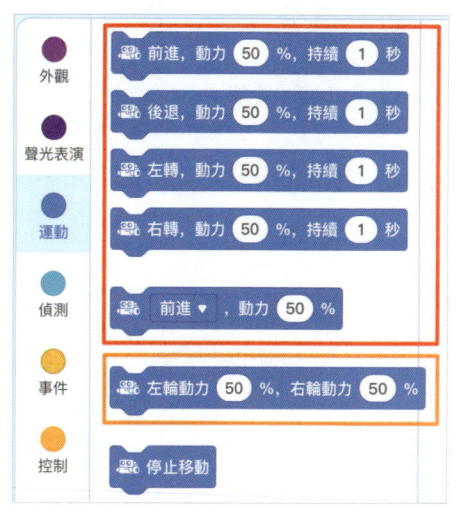

▲「單馬達」和「雙馬達」控制的積木

### 4-4.1 「雙馬達」控制

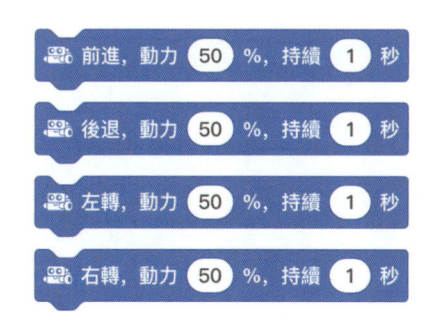

▲ 需提供「持續時間」的「雙馬達」控制的積木　　▲ 不用提供「持續時間」的「雙馬達」控制的積木

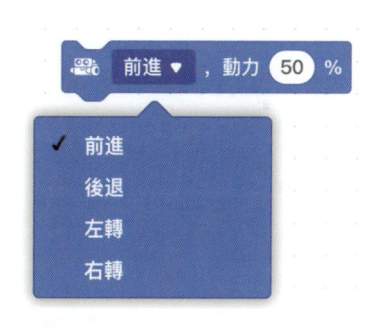

　　「雙馬達」控制的積木有兩類，其中一類需要提供「持續時間」，馬達會按照「持續時間」持續轉動直至時間結束。兩類均需要提供「動力百分比」，「動力百分比」是指馬達的轉速，數值越大，轉速越快。馬達的「動力百分比」範圍由 -100 至 100，其中「動力百分比」是負數時，代表馬達反向轉動，亦即機器人會後退。

45

## 4-4.2 「單馬達」控制

「單馬達」控制的積木需要個別提供左右車輪的「動力百分比」，從而達到不同的效果。例如：

▲「單馬達」控制的積木 `左輪動力 50 %，右輪動力 50 %`

| 移動效果 | 說明 | 程式範例 |
| --- | --- | --- |
| 緩速前進 | 左右輪動力較低且相同 | 左輪動力 25 %，右輪動力 25 % |
| 前進 | 左右輪動力相同 | 左輪動力 50 %，右輪動力 50 % |
| 全速前進 | 左右輪動力最大且相同 | 左輪動力 100 %，右輪動力 100 % |
| 右轉 | 左輪動力 ＞ 右輪動力 | 左輪動力 100 %，右輪動力 0 % |
| 左轉 | 右輪動力 ＞ 左輪動力 | 左輪動力 0 %，右輪動力 100 % |
| 直線後退 | 左右輪動力相同且為負數 | 左輪動力 −100 %，右輪動力 −100 % |
| 原地迴轉 | 左右輪動力一正一負 | 左輪動力 −100 %，右輪動力 100 % |
| 停止 | 左右輪動力均為 0 | 左輪動力 0 %，右輪動力 0 % |

## 4-4.3 停止移動

▲ 停止移動　　　▲ 左右輪動力均為 0

由於 mBot 機器人在沒有動力的情況下就會停止移動，我們可以通過將左右輪的動力設置為 0，令 mBot 機器人停止移動，或是簡單的使用「停止移動」積木。

## 4-5　mBot 的移動距離

　　如果有細心留意，就會發現 mBlock 積木中，沒有可以控制 mBot 移動距離的積木。要控制 mBot 的移動距離，我們需要先進行簡單的測試，找出 mBot 的實際移動速度。

　　值得注意的是，電池電量會影響馬達的轉速，如使用四顆 AA 電池時，最大電壓是 6V，而使用原廠鋰電池的最大電壓是 3.7V，在設定相同轉速的情況下，使用四顆 AA 電池的 mBot 機器人會走得比使用原廠鋰電池的快。因此，如果電池更換了，或是太久沒有使用，我們需要在編寫程式讓 mBot 機器人移動前，先進行一次「基本移動速度」測試。

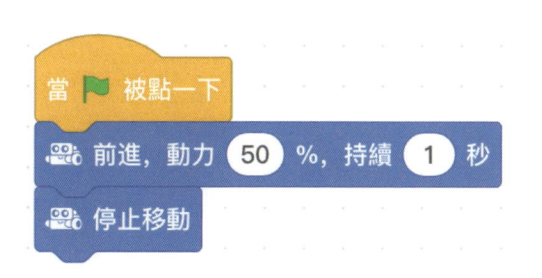

▲「基本移動速度」測試的程式 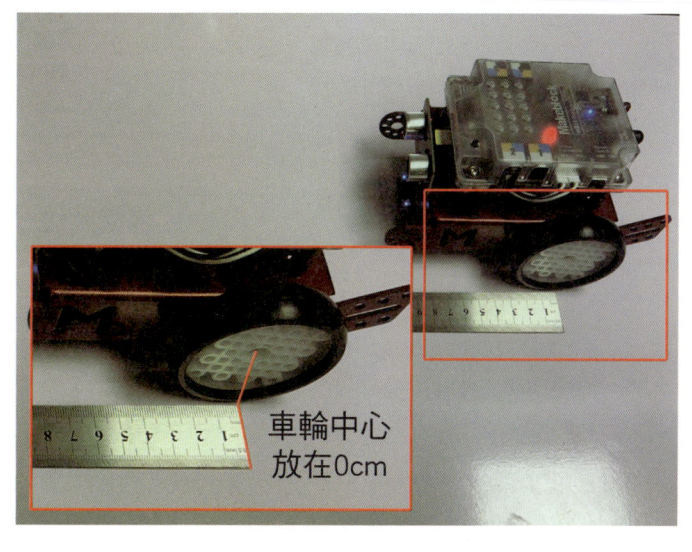　　　　▲「基本移動速度」測試的配置

　　測試的方法很簡單，我們可以編寫一段程式，讓 mBot 機器人前進一秒，並用直尺記錄它的移動距離，作為基本移動距離。每次測試時所設定的「轉速」，也就是之後編寫程式所用的「轉速」，如果想更改「轉速」，必須要重新以新「轉速」測試，才會有準確的效果。

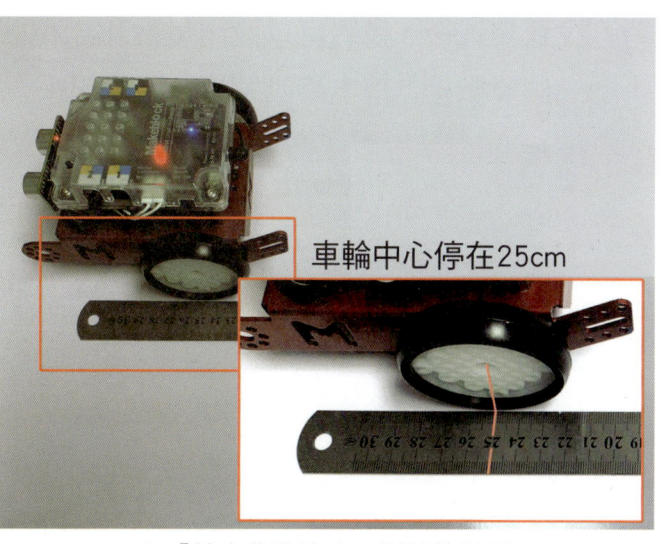

▲「基本移動速度」測試的結果

當 mBot 機器人以 50% 動力向前移動，1 秒的時間共走了 25 公分，我們可以說，它的「基本移動速度」是每秒 25 公分。以這個數值作為參考，我們可以推斷出移動距離的公式：

在 50% 動力的情況下：

> 移動距離（公分）= 25 × 移動時間（秒）
> 移動時間（秒）= 移動距離（公分）÷ 25

在 100% 動力的情況下，因為動力大了一倍，所以：

> 移動距離（公分）= 25 × 移動時間（秒）× 2
> 移動時間（秒）= 移動距離（公分）÷ 25 ÷ 2

在 25% 動力的情況下，因為動力減了一半，所以：

> 移動距離（公分）= 25 × 移動時間（秒）÷ 2
> 移動時間（秒）= 移動距離（公分）÷ 25 × 2

| 動力 | 移動時間 | 移動距離 |
| --- | --- | --- |
| 50% | 1 秒 | 25 公分 |
| 100% | 1 秒 | 50 公分 |
| 25% | 1 秒 | 12.5 公分 |
| 50% | 2 秒 | 50 公分 |
| 50% | 0.5 秒 | 12.5 公分 |

註：鋰電池動力不能低於 50%。

找到公式後，我們可以使用變數和副程式，讓每次找移動距離時更加方便。首先，新增一個變數把「基本移動速度」儲存起來，每次測試只需要更改這個變數就可以了。

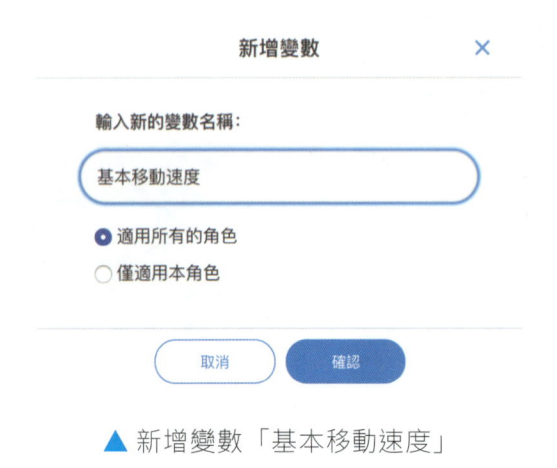

▲ 新增變數「基本移動速度」　　▲ 把變數「基本移動速度」設定為 25

然後可以新增一個副程式，讓每次使用時，都能快速找到「持續時間」。我們這裡會以「前進」作為例子：

▲ 新增副程式「前進」

▲ 定義副程式「前進」

謹記，移動的速度都會因為 mBot 機器人當時的電量、輪子組裝的鬆緊度、地面的材質等因素所影響，因此每次因素有所改變時，都需要重新進行測試，不應該以同一組數值應付所有情況。

## 4-6　mBot 的轉動角度

　　與移動距離相同，mBot 機器人的轉動角度也要依靠控制 mBot 的「動力」和「持續時間」來控制。首先，我們要找出轉動 1 秒後的轉動角度：

▲ 讓 mBot 機器人左轉 1 秒

　　假設以 50% 動力左轉 1 秒後，mBot 機器人轉動了 340 度，那麼，每轉動 1 度，就需要，即是 0.0029 秒。以這個數值作為參考，我們可以推斷出不同角度的所需時間：

| 轉動角度 | 所需時間 |
| --- | --- |
| 1 度 | 0.0029 秒 |
| 30 度 | 0.087 秒 |
| 60 度 | 0.174 秒 |
| 90 度 | 0.261 秒 |
| 180 度 | 0.522 秒 |
| 270 度 | 0.783 秒 |
| 340 度 | 1 秒 |
| 360 度 | 1.044 秒 |

註：測試結果以 4 顆 1.5V 電池串聯測試。

　　同樣地，我們可以使用變數和副程式，讓每次找轉動角度時更加方便。首先，新增一個變數把「每度轉動時間」儲存起來，每次測試只需要更改這個變數就可以了。

▲ 新增變數「每度轉動時間」　　▲ 把變數「每度轉動時間」設定為 1/340

然後可以新增一個副程式，讓每次使用時，都能快速找到「持續時間」。我們這裡會以「左轉」作為例子：

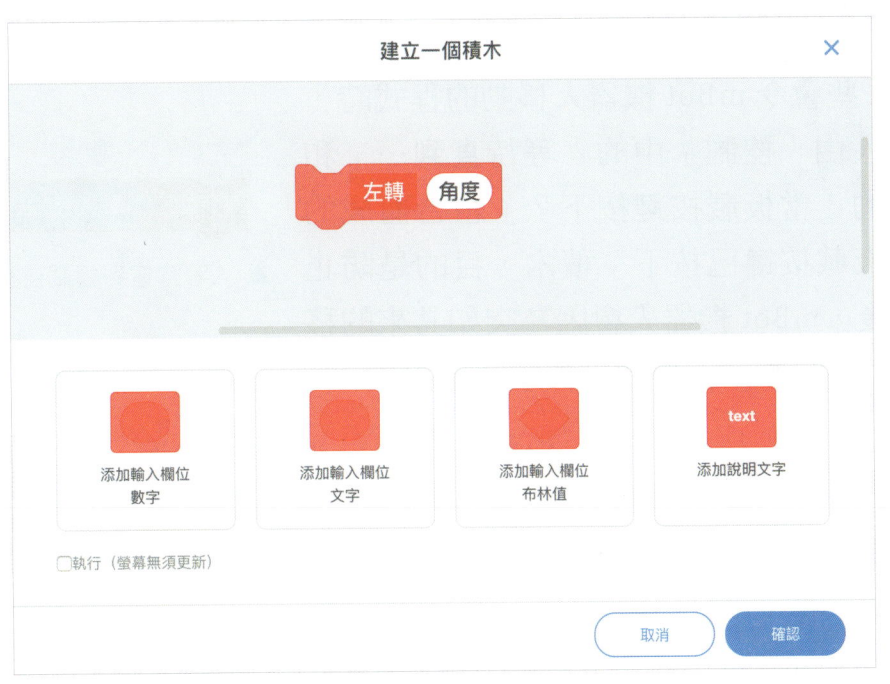

▲ 新增副程式「左轉」

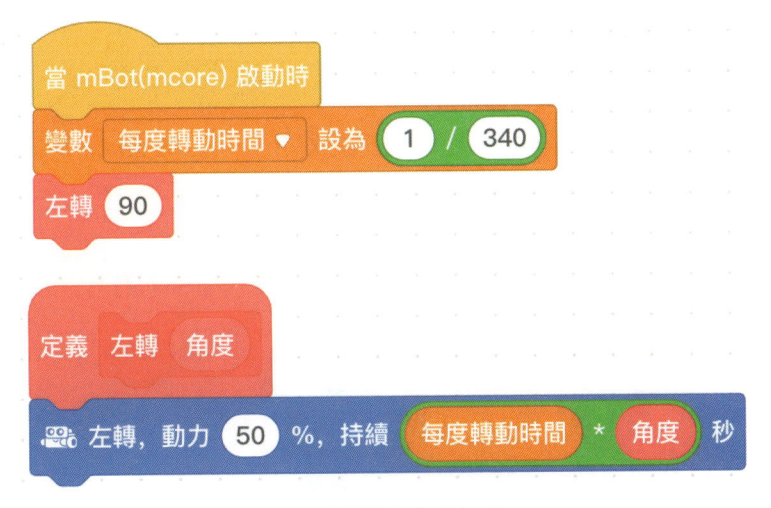

▲ 定義副程式「左轉」

　　再一次提醒，轉動角度和移動速度一樣，會因為 mBot 機器人當時的電量、輪子組裝的鬆緊度、地面的材質等因素所影響，因此每次因素有所改變時，都需要重新進行測試，不應該以同一組數值應付所有情況。另外，這裡只說明了原地迴轉的例子，而帶有弧度的轉彎，則需要更多時間去測試了。

## 4-7 程式範例

在編寫一些會令 mBot 機器人移動的程式時，我們經常加入由「控制」中的「等待直到…」和「偵測」中的「當板載按鍵按下？」組合而成的「等待直到板載按鍵已按下」積木，目的是防止在程式上傳後，mBot 機器人會因為突如其來的移動，或是錯誤的移動，而導致撞毀或墜地損壞。

▲「等待直到板載按鍵已按下」積木

### 4-7.1 前進後退

當綠旗被按下後，會一直等待板載按鍵按下。當板載按鍵按下後，mBot 機器人會以 50% 動力前進 1 秒，然後以 50% 動力後退 1 秒。

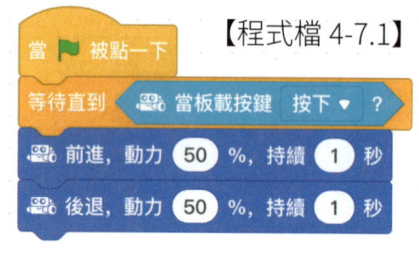

【程式檔 4-7.1】

▲ 前進 1 秒，然後後退 1 秒

### 4-7.2 前進轉向

當綠旗被按下後，會一直等待板載按鍵按下。當板載按鍵按下後，mBot 機器人會以 50% 動力前進 1 秒，然後左轉 90 度角。

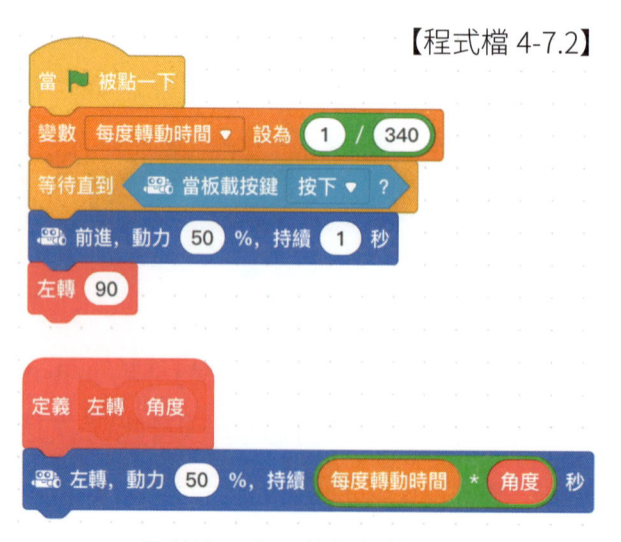

【程式檔 4-7.2】

▲ 前進 1 秒，然後左轉 90 度

## 4-7.3　正方形

當綠旗被按下後，會一直等待板載按鍵按下。當板載按鍵按下後，mBot 機器人會以 50% 動力前進 1 秒，然後左轉 90 度角，並把這個動作重複執行 4 次，令 mBot 機器人走出一個正方形。

【程式檔 4-7.3】

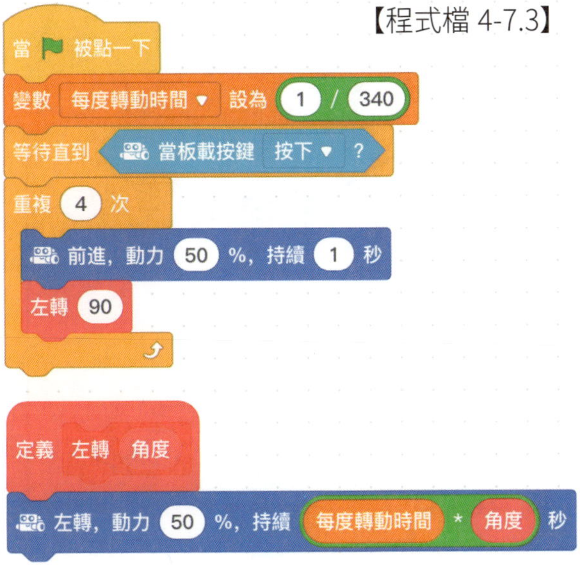

▲ 繞一個正方形

## 4-7.4　等邊三角形

當綠旗被按下後，會一直等待板載按鍵按下。當板載按鍵按下後，mBot 機器人會以 50% 動力前進 1 秒，然後左轉 60 度角，並把這個動作重複執行 3 次，令 mBot 機器人走出一個等邊三角形。

【程式檔 4-7.4】

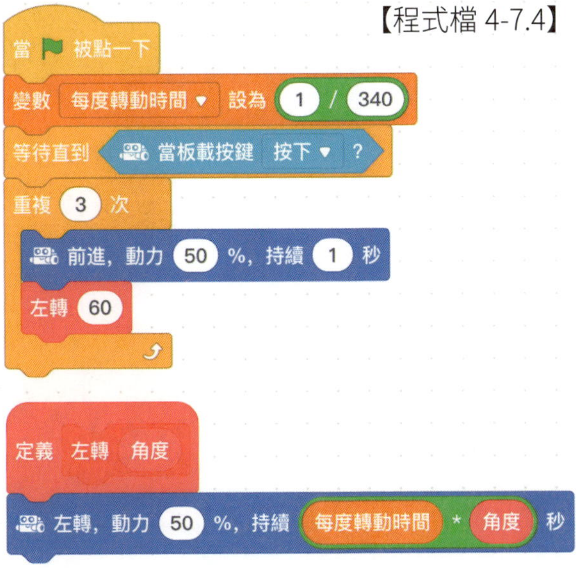

▲ 繞一個三角形

# Chapter 4　實作題

**題目名稱：讓 mBot 走出一個正五邊形**　　　　　　　　　　　**30** mins

題目說明：參考程式範例 4-7.4 及內角總和公式「180×(邊的數量－2)°」，讓 mBot 機器人走出一個正五邊形。

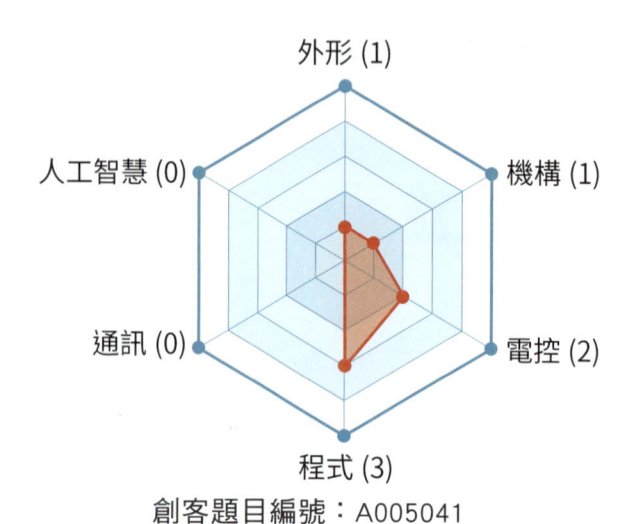

創客題目編號：A005041

| 創客指標 | |
|---|---|
| 外形 | 1 |
| 機構 | 1 |
| 電控 | 2 |
| 程式 | 3 |
| 通訊 | 0 |
| 人工智慧 | 0 |
| 創客總數 | 7 |

# Chapter 05

# 發光發聲的 mBot

5-1　什麼是 LED 燈？
5-2　mBot 上的 LED 燈
5-3　LED 燈在 mBlock 5 中的應用
5-4　LED 燈程式範例
5-5　什麼是蜂鳴器？
5-6　mBot 上的蜂鳴器
5-7　蜂鳴器在 mBlock 5 中的應用
5-8　蜂鳴器程式範例
5-9　什麼是按鈕？
5-10　mBot 上的板載按鈕
5-11　板載按鈕在 mBlock 5 中的應用
5-12　板載按鈕程式範例
實作題

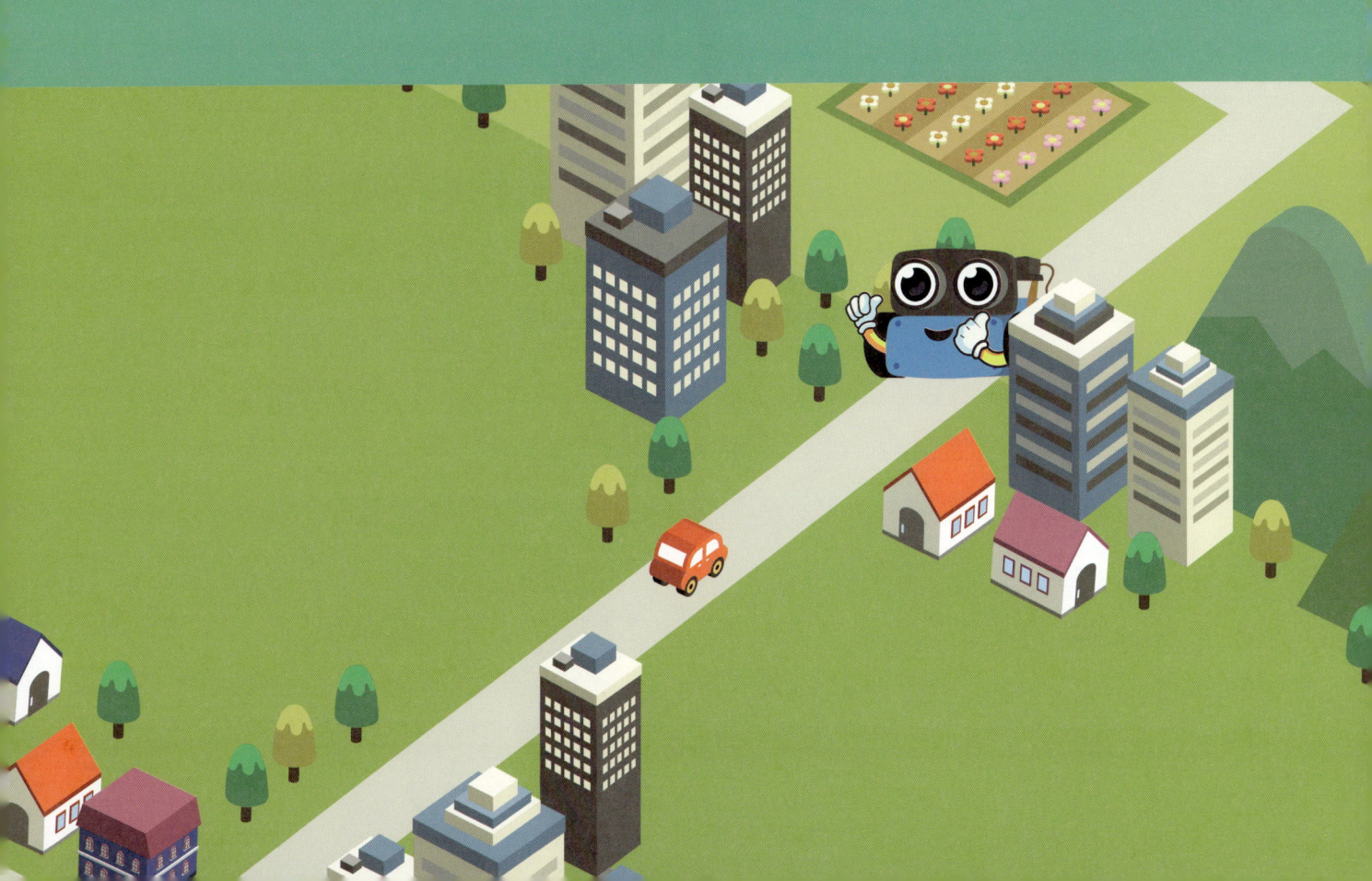

mBot 機器人配備了兩種非感測器的「娛樂」模組，分別是可以發出超過一千六百萬種顏色的 LED 燈和可以發出不同聲音的蜂鳴器。

## 5-1 什麼是 LED 燈？

除了自然光外，人類自從石器時代開始，就懂得使用火來照明，例如火把、蠟燭等，其後人類更使用不同元素來發明不同的照明技術，如燈泡、光管等。在 LED 燈普及前，電燈燈泡一直都是人類最常使用的照明工具，但電燈燈泡在產生光能的同時，也產生大量熱能，除了消耗多餘的電力外，也令周圍環境的溫度提高。

LED 燈（Light-Emitting Diode）在 1962 年開始出現，但在 2000 年才開始普及，是一種由 P 型及 N 型兩種半導體材料接合製成的電子零件。在正常的電壓電流刺激下，LED 燈會釋放帶電粒子，形成發光現象。使用不同的半導體原料下，LED 燈會產生不同顏色的光。目前，LED 燈只能發出單一的顏色，要發出多種顏色，就需要配合三原色的原理。

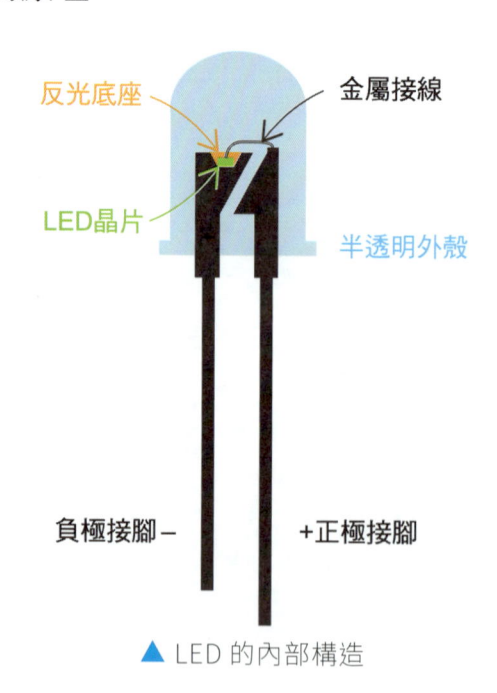

▲ LED 的內部構造

## 5-2 mBot 上的 LED 燈

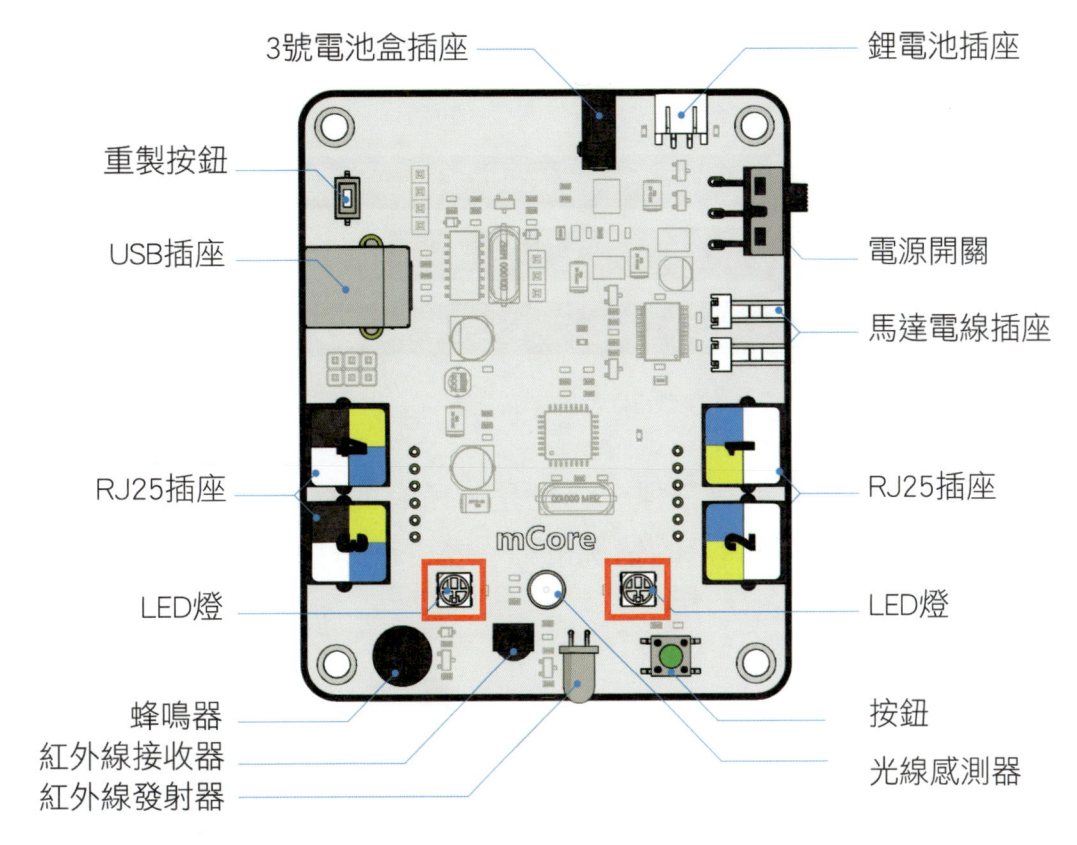

圖中標示：
- 3號電池盒插座
- 鋰電池插座
- 重製按鈕
- USB插座
- 電源開關
- 馬達電線插座
- RJ25插座
- RJ25插座
- LED燈
- LED燈
- 蜂鳴器
- 紅外線接收器
- 紅外線發射器
- 按鈕
- 光線感測器

▲ mCore 上的 LED

　　mCore 主板上共有兩顆能發出多種顏色的 LED 燈，這種 LED 燈裡包含三個單色的 LED 燈，分別是紅色、綠色和藍色，它透過發出不同亮度的紅色、綠色和藍色，組成超過一千六百萬種顏色。

## 5-3　LED 燈在 mBlock 5 中的應用

在 mBlock 5 程式中，我們可以使用三種在「聲光表演」中的積木去控制 mCore 主板上的 LED 燈：

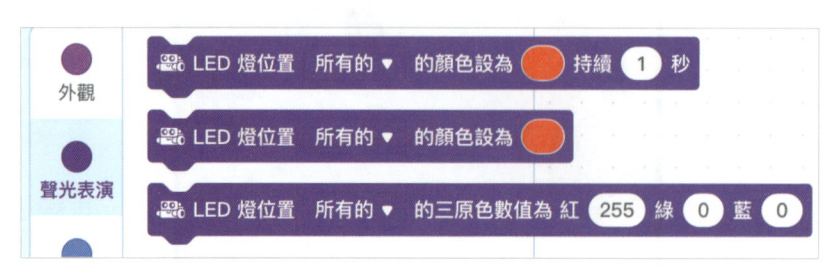

▲ 控制 LED 燈的「聲光表演」積木

LED 燈的位置選項分別有三種，分別是「所有的」、「左」和「右」。LED 燈的左右是按照 mBot 車頭向上的情況下，「左」就是指左邊的 LED1，而「右」就是指右邊的 LED2。

▲ LED 燈的位置選項　　　　　　　　　▲ 鳥瞰 LED 燈的位置

而顏色分成兩種選擇方法，第一種方法使用了 HSL 模式，以顏色（Hue）、飽和度（Saturation）和亮度（Lightness）來選擇顏色。我們可以直接調校拉桿來選擇顏色，也可以用最底的滴管工具，選擇舞台上的顏色，用法就跟小畫家一樣。

▲ 使用 HSL 方式選擇顏色的積木

而另一種方法使用了 RGB 模式，配合三原色原理，將紅、綠、藍三種顏色混合而成。顏色的值介於 0 至 255，值得特別注意的地方是，當全部顏色的值均為 0 時，並不會發出黑光，取而代之是關掉 LED 燈。

▲ 三原色原理　　　　　　　　　▲ 使用 RGB 方式選擇顏色的積木

我們在使用 LED 燈時，可以透過混合紅色、綠色和藍色，讓 LED 燈發出不同的顏色，例如：紅色加藍色是紫色、紅色加綠色是黃色等。詳細的混合方法，可參考顏色的 RGB 碼。

參考網址：Color Hex Color Codes（https://www.color-hex.com/）

## 5-4　LED 燈程式範例

從上面的參考網址選了一種紫色作為例子：

#7214ec Color Hex

#7214EC
(114,20,236)

★ 1 Favorites　💬 0 Comments

Color spaces of #7214ec

| RGB | 114 | 20 | 236 |
|---|---|---|---|
| HSL | 0.74 | 0.85 | 0.50 |
| HSV | 266° | 92° | 93° |
| CMYK | 0.52 | 0.92 | 0.00　0.07 |
| XYZ | 22.3299 | 10.1338 | 80.1360 |
| Yxy | 10.1338 | 0.1983 | 0.0900 |
| Hunter Lab | 31.8336 | 69.5011 | -126.9694 |
| CIE-Lab | 38.0815 | 75.4121 | -87.3289 |

▲ Color Hex #7214EC（https://www.color-hex.com/color/7214ec）

以下範例均能讓 mBot 亮起相同顏色的 LED 燈：

▲ 亮起 #7214EC 顏色 LED 的 mBot

## 5-4.1　使用 HSL 方式選擇 #7214EC

　　由於 mBlock 5 中使用 HSL 方式選擇顏色，顏色、飽和度和亮度的最大值都是 100，我們不能按照原來的使用方法。前頁 Color spaces of #7214ec 表格中，我們需要閱讀 HSL 及 HSV 兩欄。首先我們會用 HSL 的第一個數，將它換成百分比，例如 0.74 換成 74%，然後分別將 74 填入顏色。接著，將 HSV 最後兩個數，92 填入飽和度，93 填入亮度就可以了。

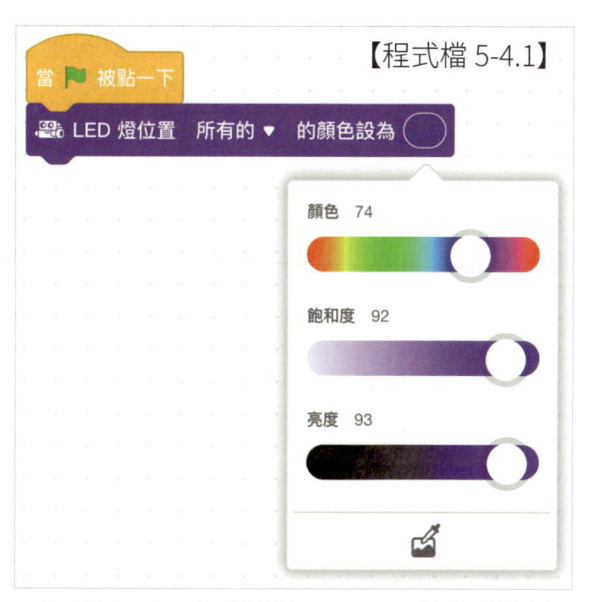

【程式檔 5-4.1】

▲ 使用 HSL 方式選擇 #7214EC 的程式範例

## 5-4.2　使用 RGB 方式選擇 #7214EC

　　如果覺得使用 HSL 的方法有點難，可以直接使用 RGB 的方法。在參考網址中，閱讀 RGB 一欄的數字，由左至右的數字（114, 20, 236），分別代表紅色是 114，綠色是 20，藍色是 236。

【程式檔 5-4.2】

▲ 使用 RGB 方式選擇 #7214EC 的程式範例

## 挑戰題

1. 試以下面的程式，在 mBot 機器人上進行測試，並完成下表：

| 紅（R） | 綠（G） | 藍（B） | 顏色 |
|---|---|---|---|
| 255 | 255 | 255 | |
| 255 | 255 | 0 | |
| 0 | 255 | 255 | |
| 255 | 0 | 255 | |
| 255 | 128 | 237 | |
| 255 | 165 | 0 | |
| 0 | 0 | 0 | |

2. 試編寫程式，令 mBot 機器人按以下規則變更顏色：

   a. 依「紅、藍、紫」的次序，每 1 秒變更 LED 燈的顏色。

   b. 依「藍、紅、紫」的次序，每 2 秒不停重複變更 LED 燈的顏色。

   c. 讓 LED 燈每 0.5 秒不停重複地隨機變更。

## 5-5 什麼是蜂鳴器？

　　聲音是因為物體振動而產生一種物理現象，因應振動的頻率，即是每秒振動的次數，會形成不同的聲音。很多人造的聲音產生裝置，如喇叭或蜂鳴器，就是利用這個原理設計的。

▲ 蜂鳴器

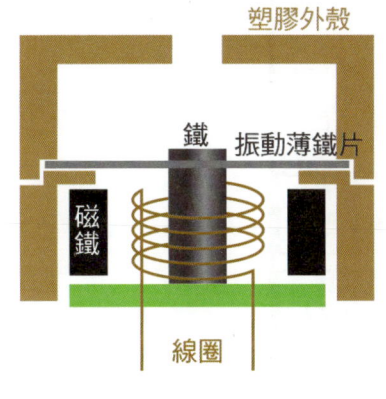

▲ 蜂鳴器的未通電狀態

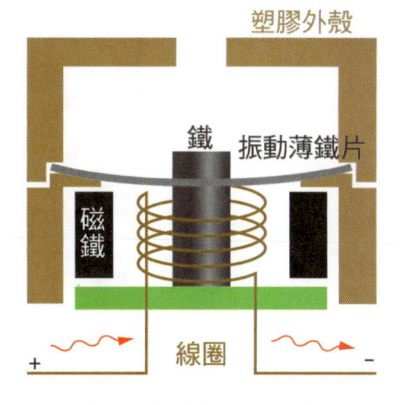

▲ 蜂鳴器的通電狀態

　　在蜂鳴器還沒有通電的情況下，蜂鳴器內沒有產生磁場，因此振動薄鐵片沒有任何振動，也不會發出聲音。但當蜂鳴器通電後，蜂鳴器內的線圈產生磁場，從而把振動薄鐵片吸引下去，當斷電後，振動薄鐵片會返回原位。其間，振動薄鐵片造成振動，因而產生聲音。不同頻率的振動，令蜂鳴器能產生不同的聲音，但因為結構簡單，因此同一時間，只能產生同一聲調。

## 5-6　mBot 上的蜂鳴器

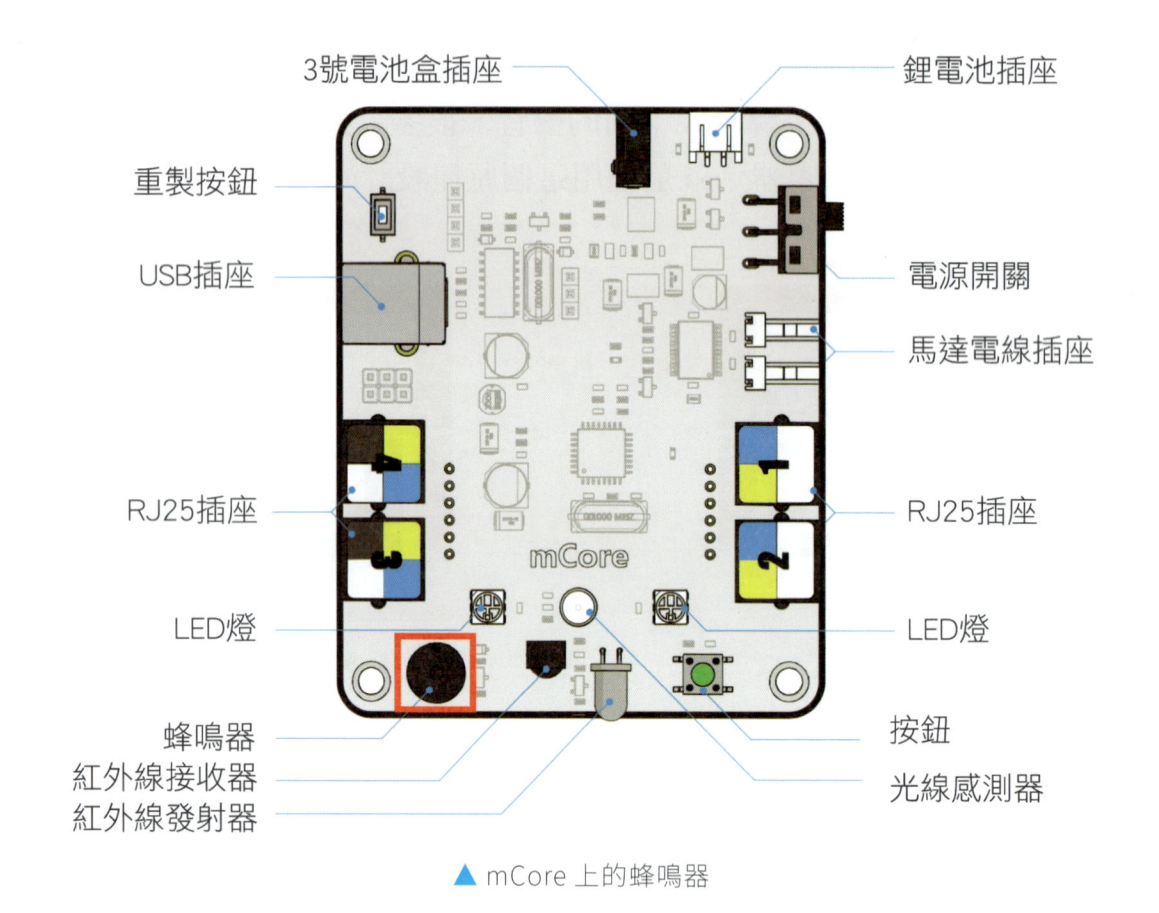

3號電池盒插座
鋰電池插座
重製按鈕
USB 插座
電源開關
馬達電線插座
RJ25 插座
RJ25 插座
LED 燈
LED 燈
蜂鳴器
紅外線接收器
紅外線發射器
按鈕
光線感測器

▲ mCore 上的蜂鳴器

mCore 主板上有一個蜂鳴器，在車頭的右邊。

## 5-7 蜂鳴器在 mBlock 5 中的應用

在 mBlock 5 程式中，我們可以使用兩種在「聲光表演」中的積木去控制 mCore 主板上的蜂鳴器：

第一種積木以音階和拍子控制蜂鳴器，音階是指在音樂理論中，按照音高排列的一系列音符，積木中可選的音階從 C2 到 D8，當中的英文字母是音名，分為 C、D、E、F、G、A、B，數字是音階，數字越小，音階越低，數字越大，音階越高，其中音階 4 是我們常見的中音，即是在鋼琴正中間的八個琴鍵。而拍子則以小數表示，常見的從十六分音符（0.25）到全音符（4），當中的四分音符（1）就代表該音符音長一拍，持續 1 秒。

而另一種積木使用了頻率及時間控制蜂鳴器，頻率的單位是赫茲（Hertz／Hz），即是每秒振動的次數。不同音階的頻率都有所不同，頻率越低，音階越低，頻率越高，音階越高。這種積木的好處是，可以利用公式計算所需要的頻率，適合多變的音樂播放。

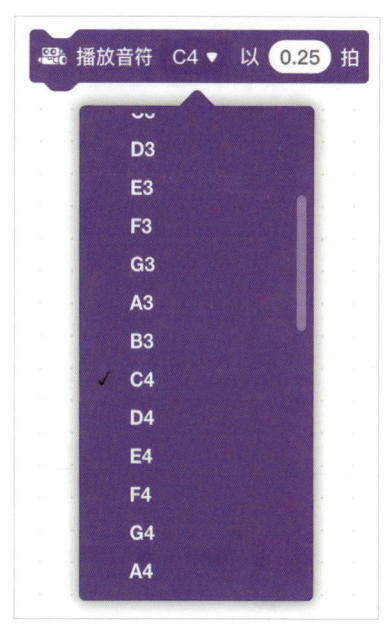

▲ 以音階和拍子播放音樂的「聲光表演」積木

▲ 以音頻和時間播放音樂的「聲光表演」積木

有關音階、頻率和唱名的對照，可以參照下表：

| 音階＼頻率＼唱名 | Do（C） | Re（D） | Mi（E） | Fa（F） | Sol（G） | La（A） | Si/Ti（B） |
|---|---|---|---|---|---|---|---|
| 2 | 65.4 | 73.4 | 82.4 | 87.3 | 98.0 | 110.0 | 123.5 |
| 3 | 130.8 | 146.8 | 164.8 | 174.6 | 196.0 | 220.0 | 246.9 |
| 4 | 261.6 | 293.6 | 329.6 | 349.2 | 392.0 | 440.0 | 493.9 |
| 5 | 523.2 | 587.3 | 659.3 | 698.5 | 784.0 | 880.0 | 987.8 |
| 6 | 1046.5 | 1174.7 | 1318.5 | 1397.0 | 1568.0 | 1760.0 | 1975.5 |
| 7 | 2093.0 | 2349.0 | 2637.0 | 2793.8 | 3136.0 | 3520.0 | 3951.1 |
| 8 | 4186.0 | 4698.6 | 5274.0 | 5587.7 | 6271.9 | 7040.0 | 7902.1 |

## 5-8 蜂鳴器程式範例

參照上表，我們會用兩種不同方法，播放音階 C4 一秒，然後停止播放一秒，最後播放音階 F5 兩秒。需要注意，由於在線模式和上傳模式的時間計算有誤差，所有程式中的時間，都以上傳模式為準。

### 5-8.1 以音階和拍子播放音樂

【程式檔 5-8.1】

```
當 ▶ 被點一下
播放音符 C4 ▼ 以 1 拍
等待 1 秒
播放音符 F5 ▼ 以 2 拍
```

▲ 以音階和拍子播放範例音樂

### 5-8.2 以音頻和時間播放音樂

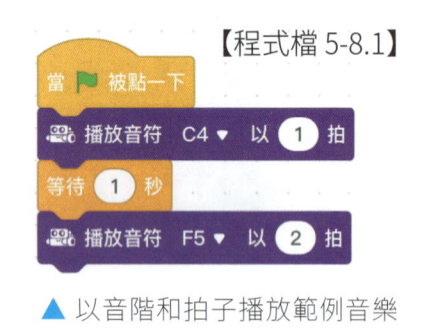

【程式檔 5-8.2】

```
當 ▶ 被點一下
播放音頻 261.6 赫茲，持續 1 秒
等待 1 秒
播放音頻 698.5 赫茲，持續 2 秒
```

▲ 以音頻和時間播放範例音樂

### 挑戰題

1. 試編寫程式，令 mBot 機器人播放世界名曲「小蜜蜂」：

**外國童謠 - 小蜜蜂**

音階： G4  E4      F4  D4      C4  E4
拍子： 0.5     1

## 5-9 什麼是按鈕？

按鈕開關（Button／Switch）是一種在電路上常見的輸入端，在日常生活中可以看到很多例子，例如電燈開關或遙控器按鈕等。按鈕的構造十分簡單，基本上是透過按壓，將按鈕內的兩塊銅片連接起來，形成閉合電路。

▲ 沒有按下按鈕的電路　　　　▲ 按下了按鈕的電路

按鈕開關的狀態一般會以二進制式訊號表示，「開」的狀態是「1」，而「關」的狀態則是「0」。因此，我們不時會看見電源開關會以「1」表示「開」，「0」表示「關」。

常見的按鈕開關可分成三類：

◆ **按壓開關**：藉著按壓的方式切換通電及斷電的狀態，切換後狀態固定，例如：電燈開關。

◆ **彈簧開關**：開關下方裝有彈簧，按壓時會切換至通電狀態，但當鬆開時即回復至斷電狀態，例如：mBot 機器人上的板載按扭。

◆ **滑動開關**：藉著滑動的方式切換通電及斷電的狀態，切換後狀態固定，例如：mBot 機器人的電源開關。

按鈕開關的用途廣泛，經常被用作各種電子器材的啟動開關，亦有簡單的控制，如設定或檢查訊號。

## 5-10 mBot 上的板載按鈕

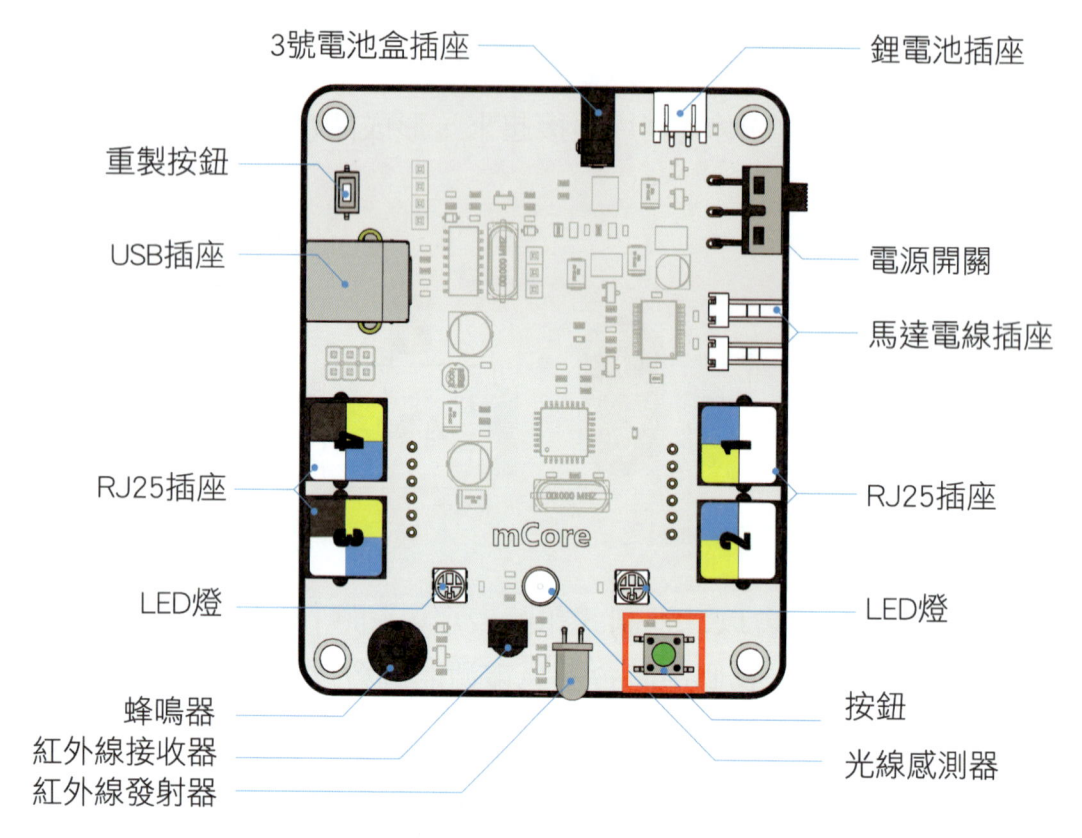

▲ mCore 上的板載按鈕

　　mCore 主板上只有一個板載按鈕，在車頭的左邊。而車尾左方的是 mBot 機器人的電源開關，沒有程式設計功能。在車尾右方的是重置按鍵，讓運行中的程式返回程式剛開始運行的狀態，跟重新開機的功能一樣。

## 5-11 板載按鈕在 mBlock 5 中的應用

在 mBlock 5 程式中，有兩個與板載按鈕相關的積木，分別是「事件」中的「當板載按鈕…」和「偵測」中的「當板載按鈕…？」：

▲ 與板載按鈕相關的積木

「事件」中的「當板載按鈕…」可以選擇在板載按鈕按下或鬆開時，開始執行程式，而「偵測」中的「當板載按鈕…？」可以偵測板載按鈕有沒有按下或鬆開，並回傳條件值。

▲ 板載按鈕積木的選項

「按下」和「鬆開」看似沒有分別，但由於這類型的按鈕容易出現接點彈跳，導致板載按鈕的功能出現延誤，造成判定上的問題。因此，部分人會謹慎地同時檢測板載按鈕按下和鬆開。

▲ 同時檢測板載按鈕按下和鬆開

接點彈跳是一種在機械開關經常出現的問題。開關的接點一般都是由彈性金屬製成。當我們按下開關時，接點會在彈力的作用下，令接點回復穩定前，發生一次或多次的彈跳。這個情況對於我們日常開關沒有影響，但是在需要偵測電路訊號時就會引起問題，因為這種快速開關的反應非常快，速度足夠快到會導致這類開關脈衝誤以為是資料的流動，影響判斷的正確性。

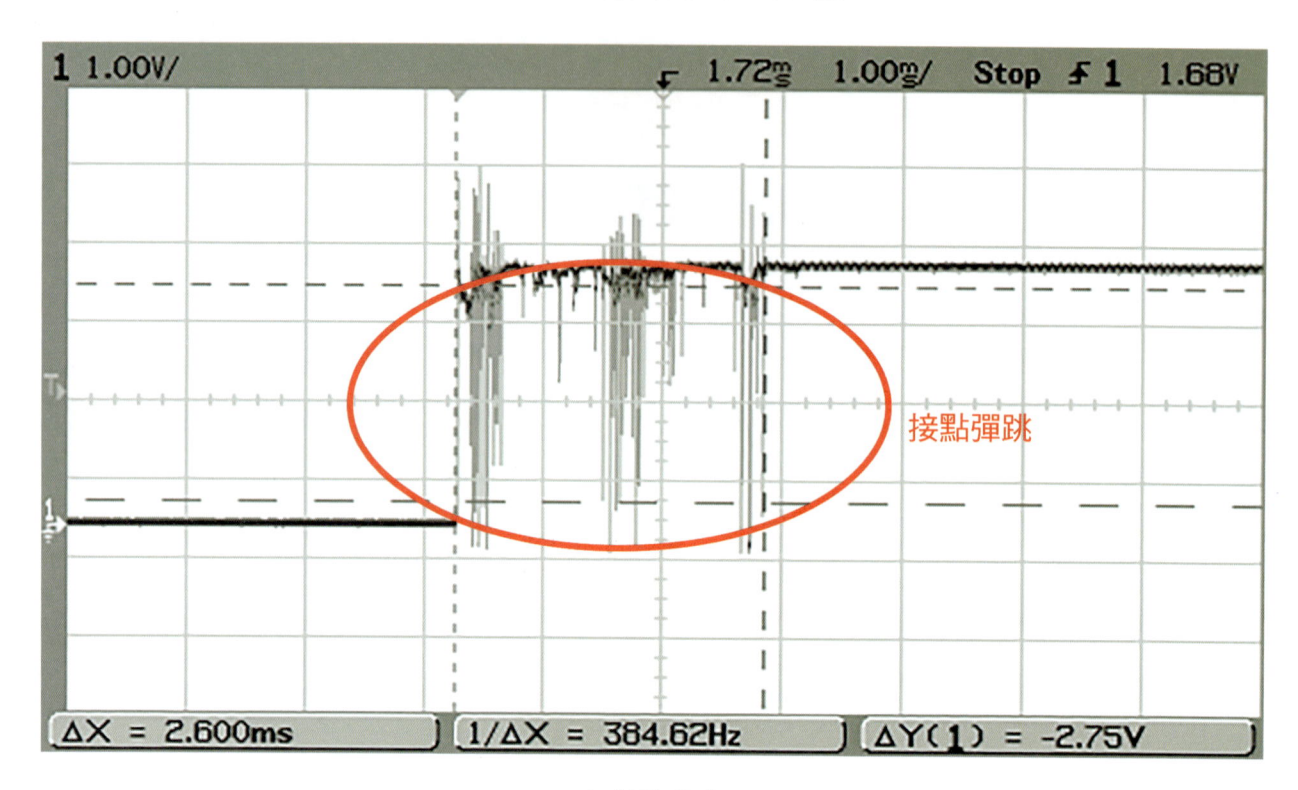

▲ 接點彈跳

## 5-12 板載按鈕程式範例

### 5-12.1 當板載按鈕…

【程式檔 5-12.1】

▲ 當板載按鈕按下時，前進 1 秒

由於程式是檢測板載按鈕有沒有按下，所以每當板載按鈕被按下時，mBot 機器人就會前進 1 秒。

### 5-12.2 當板載按鈕…？

【程式檔 5-12.2】

▲ 當板載按鈕按下時，亮起綠色 LED

當程式開始執行後，會不停重複檢測，當板載按鈕被按下時，mBot 機器人會亮起綠色 LED，否則亮起紅色 LED。

# Chapter 5　實作題

**題目名稱：mBot 燈光秀，播放小蜜蜂並加入 LED 燈光效果**　　**30 mins**

題目說明：試編寫程式，令 mBot 機器人在按下板載按鈕後，在播放「小蜜蜂」的同時，加入 LED 隨機燈光效果。

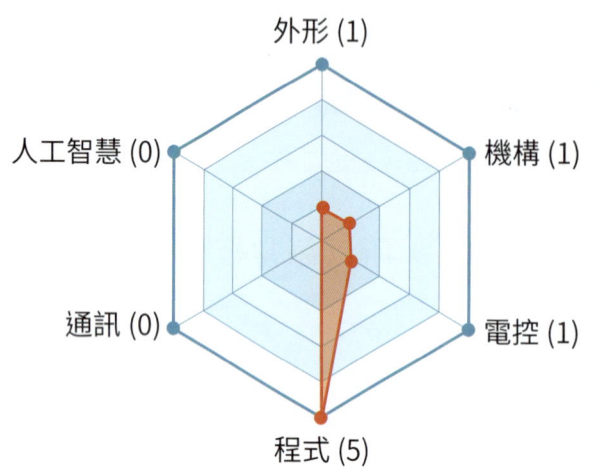

創客題目編號：A005042

· 創客指標 ·

| 外形 | 1 |
|---|---|
| 機構 | 1 |
| 電控 | 1 |
| 程式 | 5 |
| 通訊 | 0 |
| 人工智慧 | 0 |
| 創客總數 | 8 |

# Chapter 06

# 光明與黑暗

6-1　什麼是光線感測器？

6-2　mBot 上的光線感測器

6-3　光線感測器在 mBlock 5 中的應用

6-4　程式範例

實作題

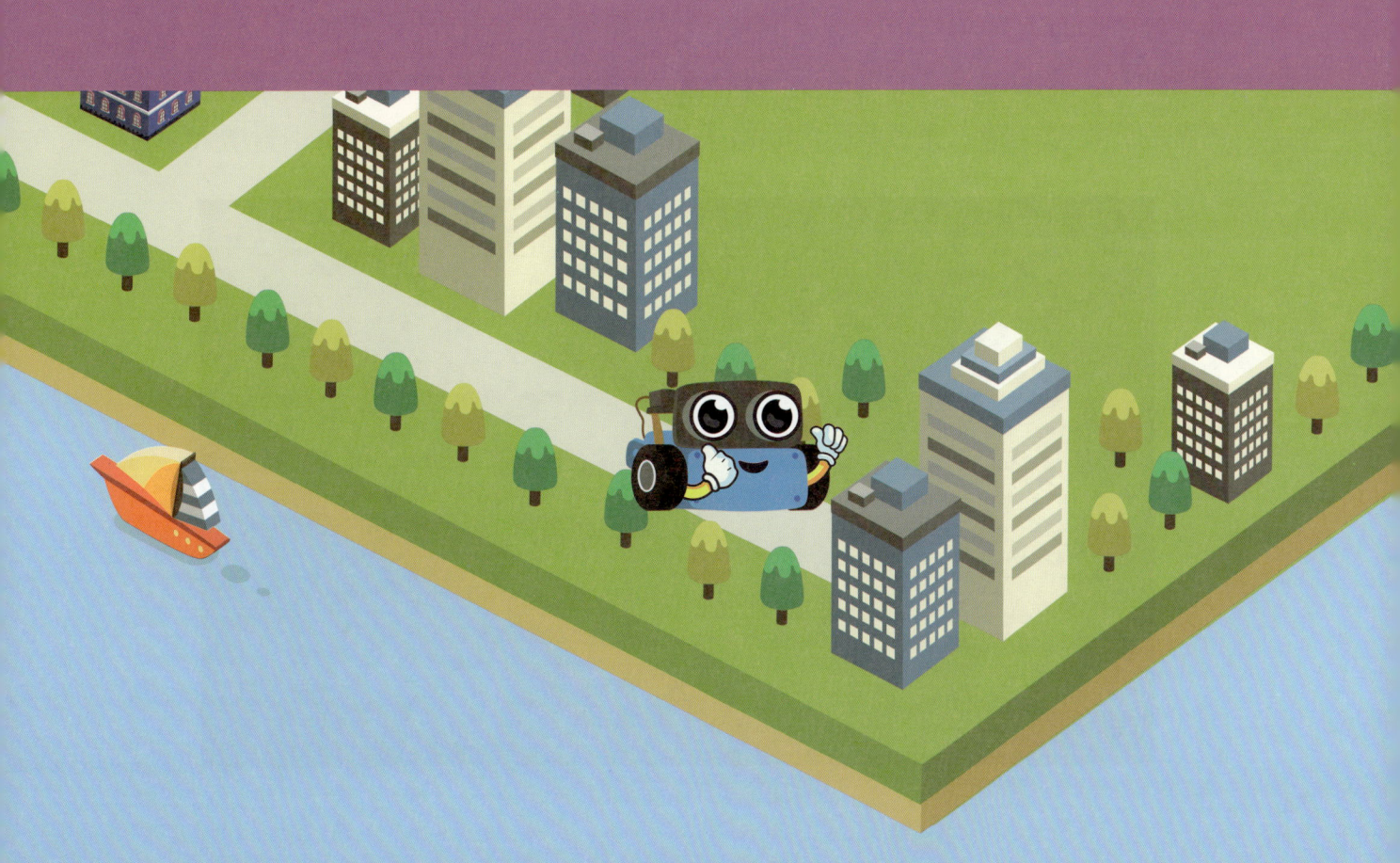

## 6-1 什麼是光線感測器？

在電子世界中，一般的電阻都是有固定的阻值，但也有一些特殊電阻會因應不同的情況改變阻值，例如：光敏電阻、熱敏電阻等。

▲ 光線感測器

感測器（某些地方或會叫作感應器，英文：Sensor）就是通過這些感應模組和一些轉換模組，將一些現實環境中的情況或是變化，通過轉換成數值，再傳送到其他電子裝置。

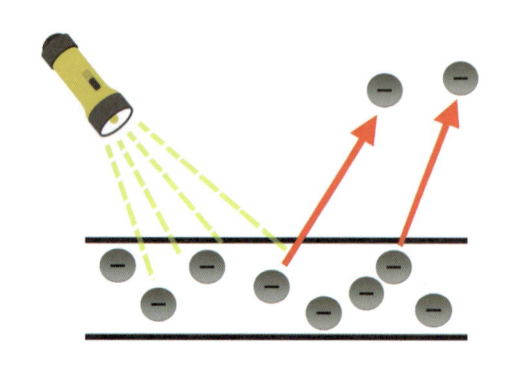

▲ 強光照射下的光敏電阻　　　　　　▲ 沒有強光照射下的光敏電阻

光敏電阻是一種利用會因應光度變化從而有不同電阻值的特殊電阻。當它周圍的光度增加時，光敏電阻上的電子受到刺激而變得活躍，它的電阻值就會減小，相反，它周圍的光度減小時，光敏電阻上的電子十分穩定，它的電阻值就會相對增大了。

▲ 使用了光敏電阻的路燈

現今很多地方的路燈都使用了光敏電阻，令路燈可以因應周圍環境的光度自動開關，節省人手。以香港為例，當四周光度降至 55 勒克司（Lux）時，路燈會自動開啟，當光度回升至 83 勒克司時便會關掉，但為了安全起見，一些長年不會有陽光照射的地方，如行車隧道及行人隧道，這些地方的燈則會 24 小時運作。勒克司（Lux）是一個標識光照度的國際單位，1 勒克斯等於每平方公尺有 1 流明，而流明就是光源所發出或由被照物所吸收的總光能單位，意思就是光照度越大，勒克司或流明的數值就會相對越大。

　　除了路燈，手機螢幕的自動開關也應用了光敏電阻的原理，因應手機附近的光度自動調節螢幕光度。

▲ iPhone 上的環境光度感測器

## 6-2　mBot 上的光線感測器

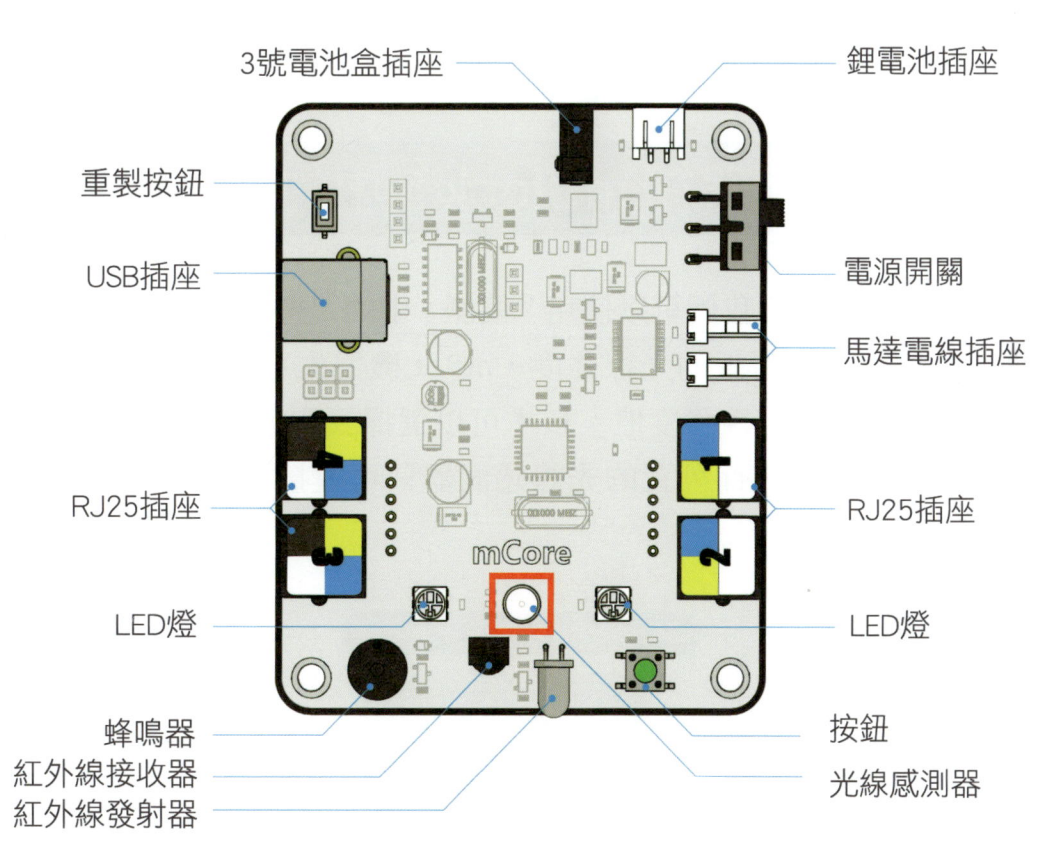

▲ mCore 上的光線感測器

　　mCore 主板上的光線感測器剛好在兩顆 LED 燈的中間，如果單純是使用光線感測器的功能是沒有問題的，但如果要同時使用光線感測器及 LED 燈就會出現問題了。LED 燈的光會影響光線感測器的偵測，造成不準確的結果。

75

▲ 套上塗黑膠飲管的光線感測器

解決方法有兩種，第一就是使用外置的 LED 燈或是光線感測器，避免它們在靠近的地方使用。另一個方法就是給光線感測器套上一個塗黑的膠飲管或是黑色的熱收縮套管，避免光線感測器受到 LED 燈的直接影響。

## 6-3 光線感測器在 mBlock 5 中的應用

在 mBlock 5 程式中，我們可以使用「偵測」中的「光線感測器⋯光線強度值」積木來讀取光線感測器附近的光線強度，mBot 機器人可以根據回傳值做出不同動作。「光線感測器⋯光線強度值」積木可以選擇讀取板載光線感測器或外置光線感測器的光線強度值，而外置的光線感測器只可連接 mBot 機器人的連接埠 3 和連接埠 4。

▲「偵測」中的「光線感測器⋯光線強度值」積木

回傳的範圍由 0 到 1023，光線越強，數值越大。但這個數值使用的單位並不是勒克斯或流明，它是沒有單位的，簡單來說，它只是一個比例，將偵測到的數值轉化，令光線越強，數值越大。

## 6-4 程式範例

### 6-4.1 檢測附近的光線強度值

【程式檔 6-4.1】

▲「設備」頁的程式　　　　▲「角色」頁的程式

▲ 程式效果

　　由於 mBlock 5 不能直接讓角色使用設備中的感測器，因此我們需要設定一個可以讓所有角色使用的變數，並讓 mBot 機器人將板載光線感測器的光線強度值儲存在變數中，才讓角色把變數顯示出來。

### 6-4.2 用光線彈鋼琴

　　參考第五章中蜂鳴器的音頻表，我們可以直接讓 mBot 機器人按照板載光線感測器的光線強度值，播放 C2 到 B5 的音階。由於光線強度值最大是 1023，所以 C6 開始的音階都不能播放，當然，我們也可以使用比例來找出適合的頻率，從而播放所有支援的音階。

要使用比例，我們需要先找出最大值、最小值和它們之間相差多少。最大的頻率是 7902.1，最小的頻率是 65.4，它們之間相差 7836.7，而光線強度值的最大值及最小值相差 1024，按照比例，光線強度值每增加 1，頻率就會增加約 7.65（7836.7÷1024 ≒ 7.65），而當光線強度值是 0 時，頻率應為 65.4，因此我們可以得出公式是：

$$頻率 = 光線強度值 \times 7.65 + 65.4$$

【程式檔 6-4.2】

▲ 用光線彈鋼琴

測試時可以使用手遮蓋光線感測器來令聲音變低沉，或是用電筒照向光線感測器來令聲音變得尖銳。

## 6-4.3 追光戰車

這個程式會讓 mBot 機器人在強光照射下，高速前進，但在沒有強光照射下，會慢速前進，甚至在沒有光時停下來。

使用 6-4.1 的範例進行測試，得知在一般情況下，光線感測器的光線強度值是 994，因此我們可以定義，當光線強度值大於 1000 時，代表 mBot 機器人正被強光照射，不以 994 作為標準是因為我們需將誤差計算入內，否則測試時容易出錯。當光線強度值小於 1000 時，我們可以按比例設定移動速度，由於光線強度值在這個情況下最大是 1000，而馬達動力最大是 100%，但我們需預留 100% 的動力作為全速前進的動力使用，因此我們將馬達動力在非強光照射下時最大 90%。按照比例，光線強度值每增加 1，動力就會增加約 11（994÷90 ≒ 11），而當光線強度值是 0 時，動力應為 0，因此我們可以得出公式是：

$$動力 = \begin{cases} 100\%，光線強度值 > 1000 \\ 光線強度值 \div 11，光線強度值 \leq 1000 \end{cases}$$

【程式檔 6-4.3】

▲ 追光戰車

　　當綠旗被按下後，重複執行程式。將板載光線感測值偵測到的光線強度值儲存在變數「光線強度值」，如果「光線強度值」大於 1000，把變數「動力」設為 1000，否則按比例設定「動力」。最後，讓 mBot 機器人按照「動力」前進。

　　測試時可以使用手遮蓋光線感測器來令 mBot 機器人停下來或減速，或是用電筒照向光線感測器來令 mBot 機器人全速前進。

## 挑戰題

1. 試使用 6-4.1 的範例進行測試，找出附近環境的光線強度值，然後當光線強度值小於 200 時，讓熊貓說「It is evening!」，否則，讓熊貓說「It is daytime!」。

# Chapter 6　實作題

**題目名稱：讓 mBot 變身為智能街燈**　　　30 mins

**題目說明**：試設計智能街燈，當 mBot 機器人處於光亮環境時，就關上 LED 燈；當 mBot 處於昏暗環境，LED 燈就亮起白光。

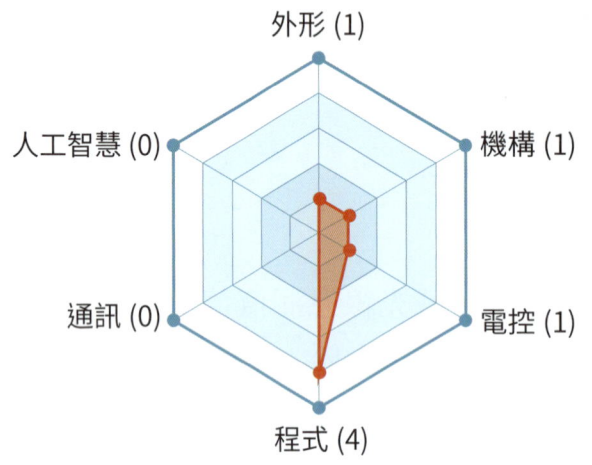

・創客指標・

| 外形 | 1 |
|---|---|
| 機構 | 1 |
| 電控 | 1 |
| 程式 | 4 |
| 通訊 | 0 |
| 人工智慧 | 0 |
| 創客總數 | 7 |

創客題目編號：A005043

# Chapter 07
# 遙控機器人

7-1　什麼是紅外線感測器？

7-2　mBot 上的紅外線感測器

7-3　紅外線感測器在 mBlock 5 的應用

7-4　程式範例

實作題

## 7-1 什麼是紅外線感測器？

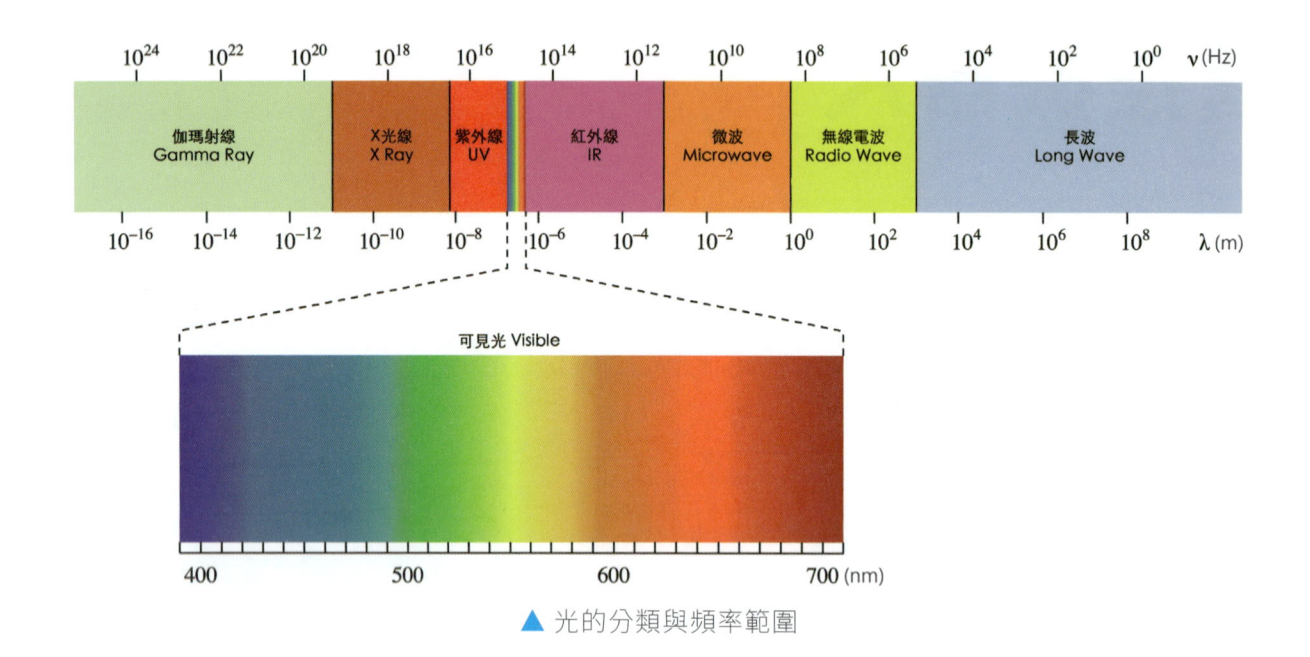

▲ 光的分類與頻率範圍

　　人類肉眼可見光的範圍大約波長 400nm（紫光）到 700nm（紅光），此範圍一段稱為可見光（Visible）。在可見光兩端，波長大於 700nm 但仍屬於光波範圍的光稱為紅外線（Infrared ／ IR），波長低於 400nm 但仍屬於光波範圍的光稱為紫外線（Ultraviolet ／ UV）。

▲ 紅外線發射器（白）與紅外線接收器（黑）

　　紅外線有很多不同用途，其中一個就是紅外通訊技術，它是無線通訊技術的其中一種，利用了紅外線來傳遞數據。由於紅外通訊技術使用方法簡單，而且成本較低，因此非常適合在遙控器、電腦及手機等小型行動裝置中作交換數據之用。

　　紅外線感測器可以分為紅外線發射器（Infrared Emitter，簡稱 IR_T）與紅外線接收器（Infrared Receiver，簡稱 IR_R）。紅外線發射器主要功能是傳送紅外線訊號；而紅外線接收器的功能就是接收紅外線發射器所發射的訊號，依照訊號做出不同的動作，紅外線接收的最佳距離在 1 公尺以內。

## 7-2　mBot 上的紅外線感測器

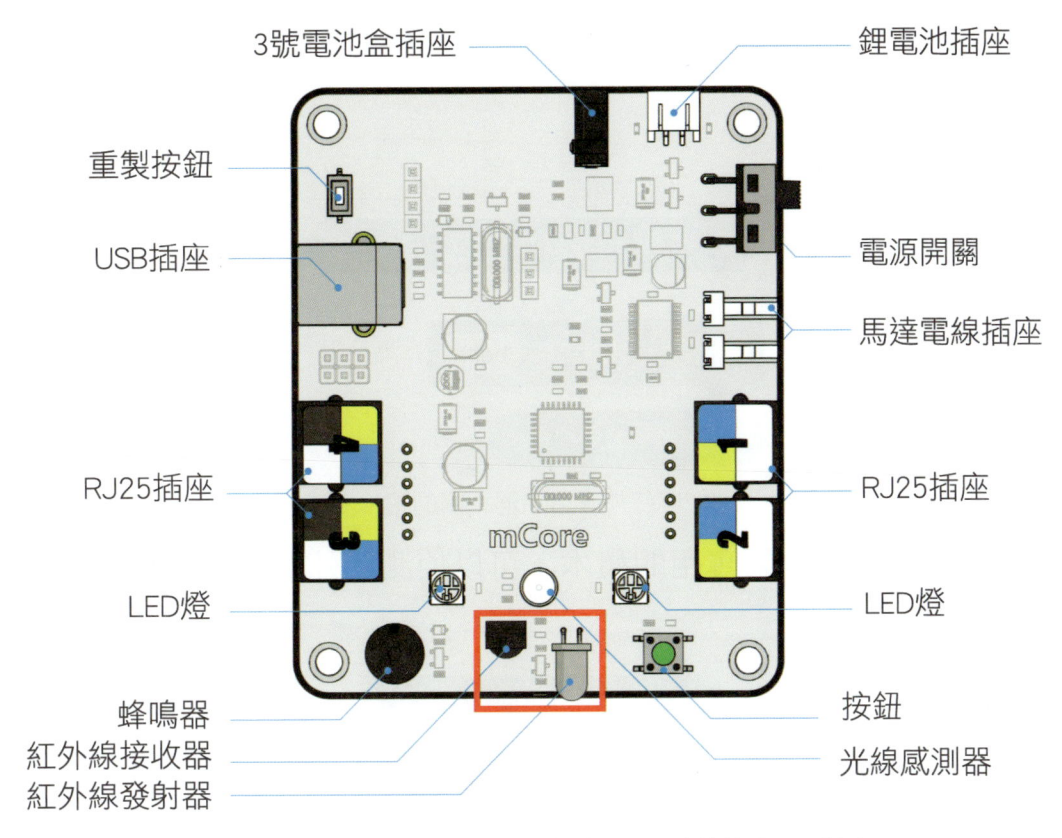

▲ mCore 上的紅外線發射器（右）與紅外線接收器（左）

　　mBot 機器人上的紅外線感測器位於車頭的位置，因此使用紅外線遙控器時，在 mBot 機器人的前端會有更佳的效果。

　　購買 mBot 機器人時，隨盒附贈一個紅外線遙控器，這個紅外線遙控器需要使用一粒 CR2025 電池，它包含了 6 個功能鍵（A 至 F）、4 個方向鍵（上、下、左、右）、10 個數字鍵（0 至 9）及 1 個設置鍵。在原廠模式下，可以使用紅外線遙控器讓 mBot 機器人遊玩遙控模式、避障模式及循線模式，詳情可參閱第二章。

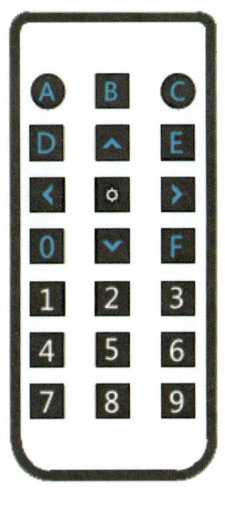

▲ 紅外線遙控器

## 7-3 紅外線感測器在 mBlock 5 的應用

在 mBlock 5 程式中，共有三個在「偵測」中與紅外線感測器相關的積木，分別是：「紅外線遙控器的…已按下？」、「發送紅外線訊息…」及「當收到紅外線訊息」。

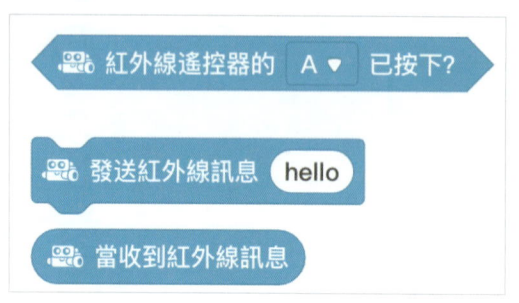

▲ 與紅外線感測器相關的積木

第一個是紅外線遙控器專用的積木，可以偵測紅外線遙控器的按鍵是否被按下，然後回傳布林值。

▲ 「紅外線遙控器的…已按下？」積木

而另外兩個則用作 mBot 機器人互相溝通之用，一個用作發送訊息，而另一個用作接收訊息。

▲ 讓 mBot 機器人互相溝通的積木

## 7-4 程式範例

### 7-4.1 讀取遙控器按鈕

【程式檔 7-4.1】

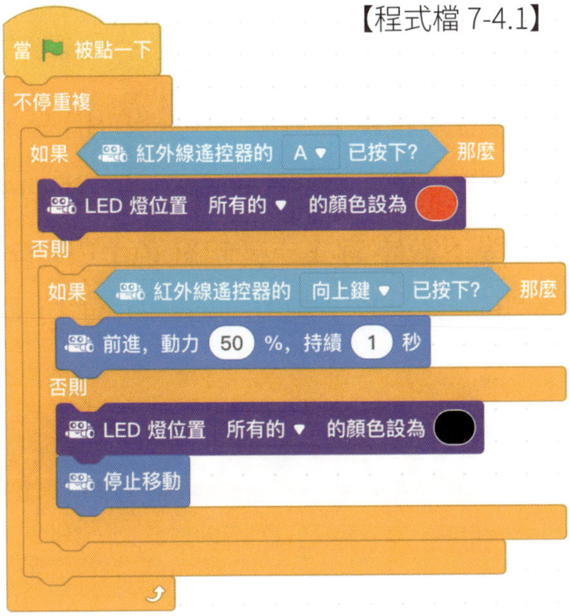

▲ 讀取遙控器按鈕

　　如果紅外線遙控器的 A 鍵被按下，LED 燈會亮起紅色；如果紅外線遙控器的向上鍵被按下，mBot 機器人就會以 50% 動力前進 1 秒，否則，LED 燈不會亮起，而且會停止移動。

### 7-4.2 mBot 機器人互相溝通

【程式檔 7-4.2a】　　　　　　　　　【程式檔 7-4.2b】

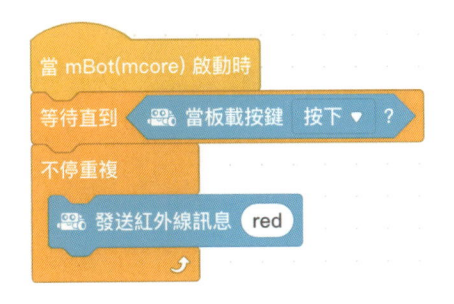

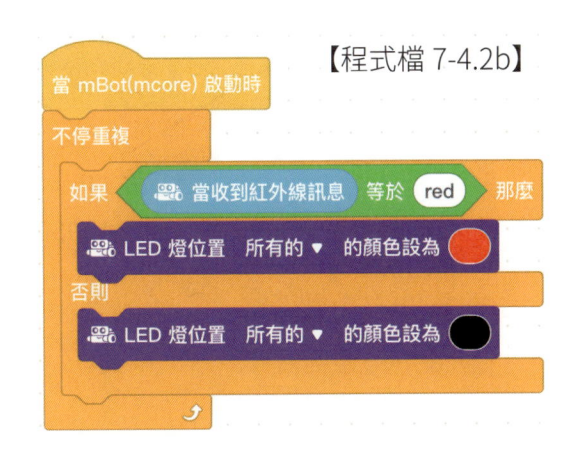

▲ 發送訊息　　　　　　　　　　　▲ 接收訊息

當板載按鈕按下時，負責發送訊息的 mBot 機器人不停重複發送紅外線訊息「red」，使用不停重複是為了確保發送成功，不然只發送一次，而那一次接收不到，程式就會失敗了。另外，訊息內容以文字的形式發送，不用額外加入雙引號「""」。

而負責接收訊息的 mBot 機器人會一直等候訊息的到來，當收到紅外線訊息「red」時，就會亮起紅燈。

### 挑戰題

1. 試編寫程式，讓 mBot 機器人根據紅外線遙控器的指令，做出不同動作：
    a. 按下 A 鍵，播放 C4 兩秒，停止播放一秒，再播放 D4 兩秒。
    b. 按下設置鍵後，如果按下數字鍵 1，亮起紅色 LED 燈，如果按下數字鍵 2，亮起綠色 LED 燈，如果按下數字鍵 0，關上所有 LED 燈。

## Chapter 7　實作題

**題目名稱：互相通訊**　　　　　　　　　　　　　　　　　　　　　　　40 mins

題目說明：試編寫程式，當其中一台 mBot 機器人 (a) 的光線感測器偵測到的光線強度值小於 200 時，讓另一台的 mBot 機器人 (b) 亮起白色 LED 燈。

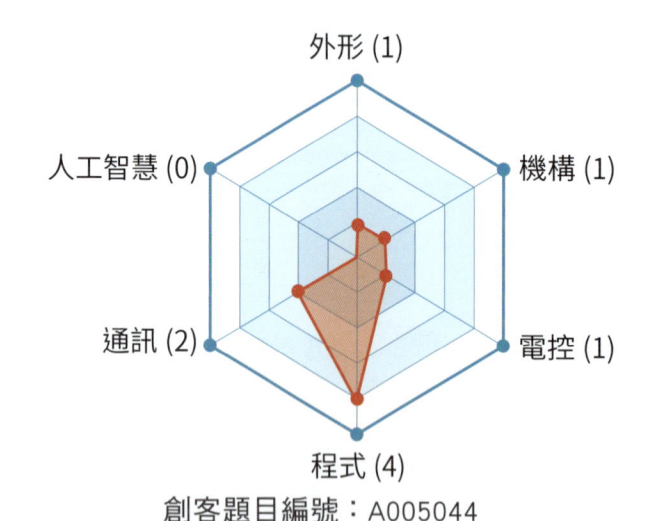

**創客指標**

| 外形 | 1 |
| --- | --- |
| 機構 | 1 |
| 電控 | 1 |
| 程式 | 4 |
| 通訊 | 2 |
| 人工智慧 | 0 |
| 創客總數 | 9 |

外形 (1)、機構 (1)、電控 (1)、程式 (4)、通訊 (2)、人工智慧 (0)

創客題目編號：A005044

# Chapter 08
# 超音鼠

8-1 什麼是超音波感測器？

8-2 mBot 的超音波感測器

8-3 超音波感測器在 mBlock 5 中的應用

8-4 程式範例

實作題

## 8-1 什麼是超音波感測器？

還記得我們在第五章時說過聲音是因為物體振動而產生一種物理現象，mBot 機器人上的蜂鳴器可以發出 65.4 Hz 至 7902.1 Hz，但不是所有頻率人類都可以聽見的。

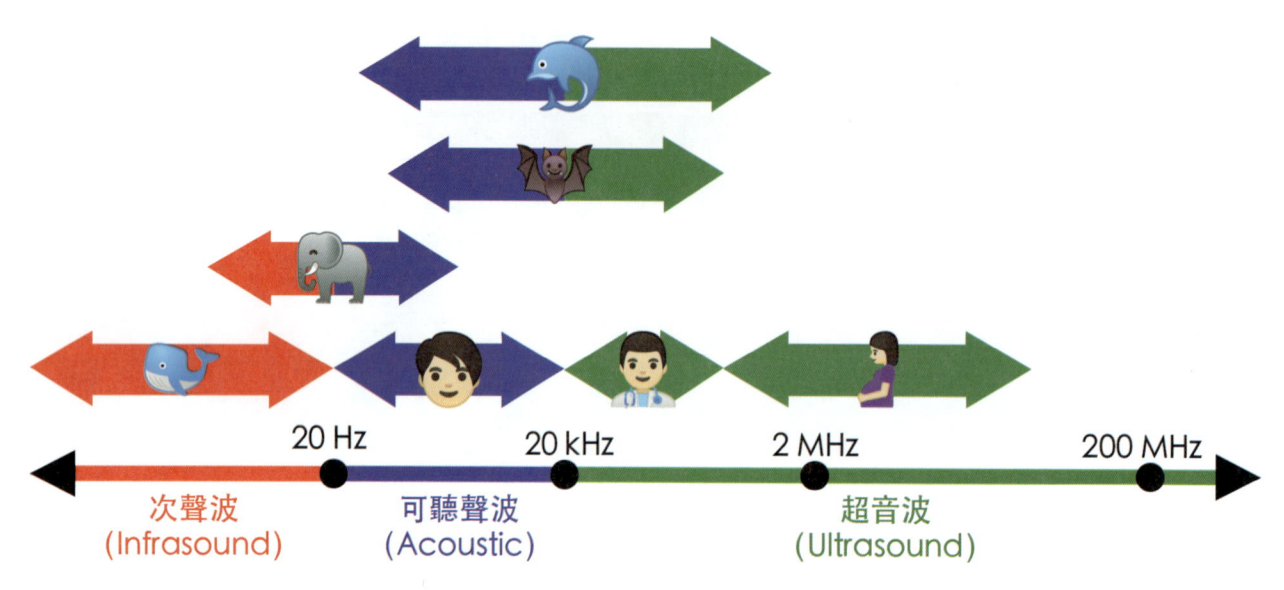

▲ 聲音的分類與頻率範圍

正常人一般可以聽到介於 20 Hz 至 20 kHz 的聲音，我們稱這個頻率的範圍為可聽聲波（Acoustic）。低於 20 Hz 的頻率我們稱為次聲波（Infrasound），例如藍鯨可聽到 15 Hz 至 20 Hz 的範圍就屬於次聲波。而超於人類能聽見的頻率，就稱作超音波（Ultrasound）。一些聽覺比較靈敏的動物都可以聽到超音波的頻率，例如蝙蝠可以聽到 120 kHz 的聲音，而海豚更可以聽到 150 kHz 的聲音。而一些工程或科學領域，也會用到超音波，例如使用超音波清洗物品、掃描身體器官、懷孕檢查及雷達定位等。

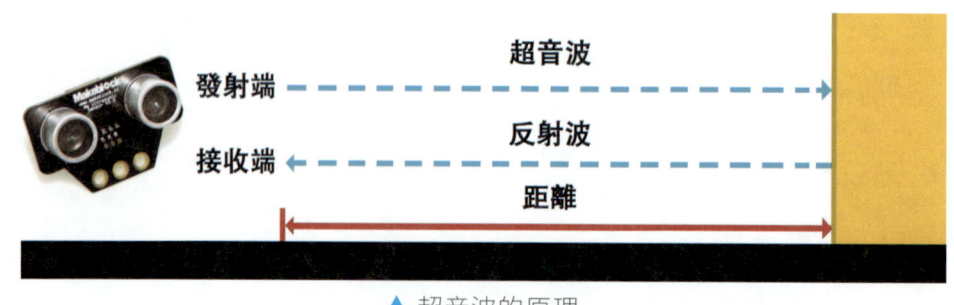

▲ 超音波的原理

超音波感測器運用了聲納技術，一般會用於量度距離。當超音波發射端發出超音波後，超音波感測器會開始計時，而超音波會在空氣中以音速 340 公尺 / 每秒的速度以扇形向特定方向傳播，當碰到障礙物表面時，超音波會變成反射波並反射回來，當接收端接收到反射波後，就會停止計時，然後計算出感測器與障礙物之間的距離。舉一個例子，如果超音波來回的計時結果是兩秒，即是超音波單程的時間是一秒，而音速是 340 公尺 / 每秒，即代表距離是 340 公尺。

$$距離（公尺）= \frac{時間差}{2} \times 超音波的音速（340 公尺 / 每秒）$$

但是由於超音波以扇形擴散及超音波的傳播距離有限，並不是所有情況都可以正確量度距離的。當超音波感測器正面面向障礙物時，反射波會沿路反射，這種情況下量度距離是最精確的。當超音波感測器斜向障礙物時，如果入射角小於 45 度，接收端仍然可以接收反射波，但如果入射角大於 45 度，接收端就不能接收反射波了。除此之外，如果超音波感測器與障礙物的距離太遠，超音波也會因為距離限制，沒有碰到障礙物表面而不能反射，所以也不能量度距離。

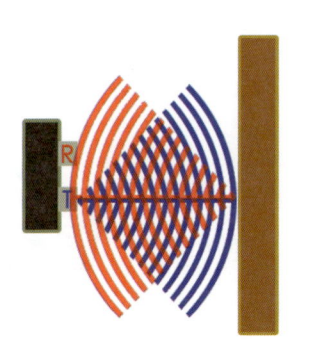

▲ 超音波感測器正面面向障礙物

▲ 超音波感測器斜向障礙物而入射角小於 45 度

▲ 超音波感測器斜向障礙物而入射角大於 45 度

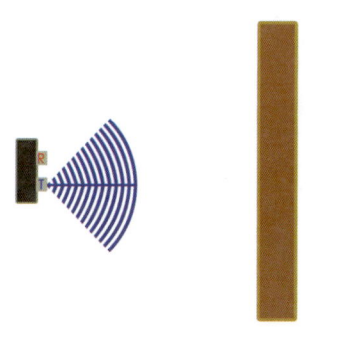

▲ 超音波感測器與障礙物的距離太遠

## 8-2　mBot 的超音波感測器

▲ mBot 上的超音波感測器

　　在 mBot 機器人的前方有一對「眼睛」，那就是超音波感測器了。超音波感測器分為發射及接收，發射端（T）負責發射超音波，而接收端（R）則負責接收反射回來的反射波，然後計算之間的距離。

▲ 超音波感測器

　　mBot 機器人的超音波感測器的偵測範圍由 3 公分至 400 公分，可探測前方水平 30 度內的範圍，超出 400 公分的距離或小於 3 公分的距離，將直接顯示 400 公分，回傳的數字以公分（cm）為單位。

　　mBot 機器人的超音波感測器一般會用於偵測機器人前方有沒有障礙物及量度 mBot 機器人與障礙物之間距離。

## 8-3 超音波感測器在 mBlock 5 中的應用

在 mBlock 5 程式中，我們可以使用「偵測」中的「超音波感測器…距離」積木去取得超音波感測器回傳的值：

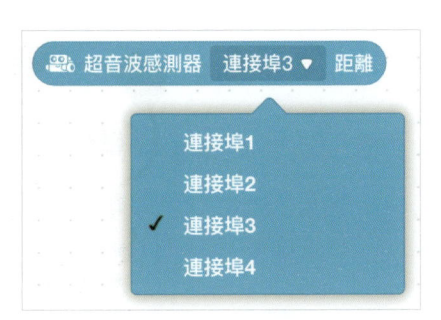

▲「超音波感測器…距離」積木

其中，可選擇的是超音波感測器正在連接 mBot 機器人的連接埠，雖然四個連接埠都可以使用，但是一般我們會用預設的連接埠 3。回傳的值是一個兩位小數，並以公分作為單位。

## 8-4 程式範例

### 8-4.1 量度與前方障礙物的距離

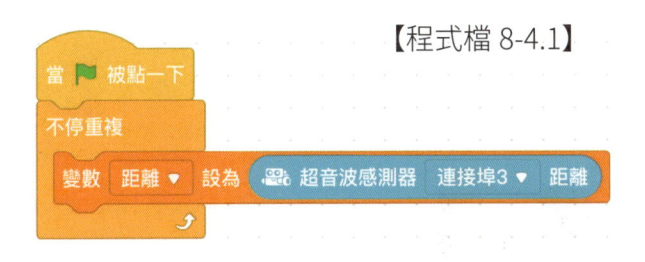

【程式檔 8-4.1】

▲「設備」頁的程式　　　　　　▲「角色」頁的程式

▲ 程式效果

　　與光線感測器一樣，mBlock 5 不能直接讓角色使用設備中的感測器，因此我們需要設定一個可以讓所有角色使用的變數，並讓 mBot 機器人將超音波感測器的偵測距離儲存在變數中，才讓角色把變數顯示出來。

▲ 勾選積木旁的方格

▲ 舞台區多了一個偵測數值的窗框

但是如果只是想簡單測試一下數值，並不需要實際使用的話，也可以在「程式區」的積木旁勾選小方格，這樣在「舞台區」就會多了一個偵測數值的窗框了。

## 8-4.2　距離太近就亮紅燈

【程式檔 8-4.2】

▲ 距離太近就亮紅燈

當超音波感測器偵測到距離小於 10 公分時，LED 就會亮起紅燈，否則就會亮起綠燈。

## 8-4.3　簡易避障

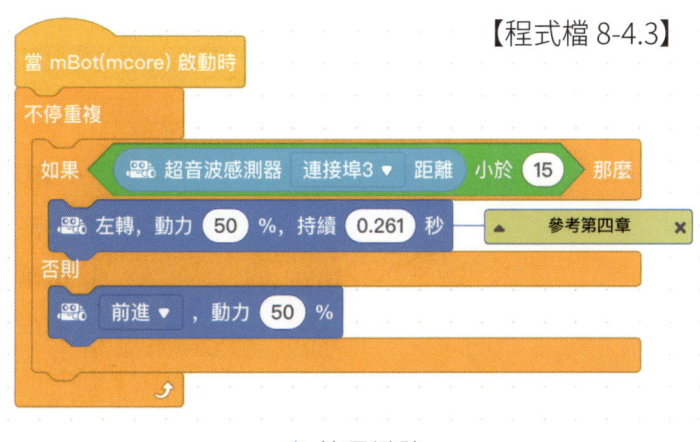

【程式檔 8-4.3】

▲ 簡易避障

當 mBot 機器人行走時，超音波感測器會偵測前方有沒有障礙物，當它發現有障礙物時，就會左轉 90 度避開。設置距離小於 15 是源於 mBot 機器人的身長，確保避開障礙物時，不會碰到障礙物。

**挑戰題**

1. 試使用 8-4.1 的範例進行測試，當超音波感測器偵測的距離小於 10 時，讓熊貓說「Too Close!」。
2. 試參考 8-4.3 的範例，讓 mBot 機器人遇到較小的障礙物（如水瓶）時，會自動繞過障礙物，並繼續前進。

## Chapter 8　實作題

**題目名稱：讓 mBot 模擬自動剎車系統**　　50 mins

**題目說明**：試利用「超音波感測器」來模擬一個「自動剎車系統」。mBot 機器人會一直前進，並根據前方牆壁的遠近，發出不同頻率的聲音及亮起不同顏色的 LED 燈。

「距離與頻率的方程式」：

頻率（Hz）= 15 × 距離（cm）+ 100

| 距離（d） | LED 燈 | 馬達動力 |
| --- | --- | --- |
| d > 180 | 亮起綠燈 | 100% |
| 180 ≥ d > 60 | 亮起黃燈 | 75% |
| 60 ≥ d > 10 | 亮起黃燈 | 50% |
| 10 ≥ d | 亮起紅燈 | 0% |

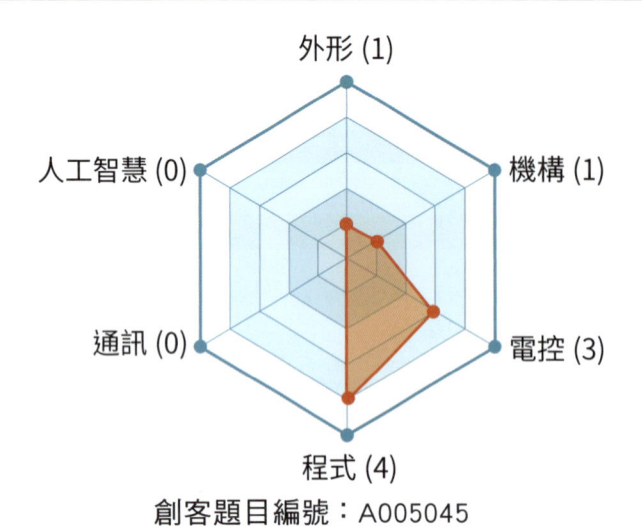

外形 (1)
人工智慧 (0)　　　機構 (1)
通訊 (0)　　　　　電控 (3)
程式 (4)

創客題目編號：A005045

・創客指標・

| 外形 | 1 |
| --- | --- |
| 機構 | 1 |
| 電控 | 3 |
| 程式 | 4 |
| 通訊 | 0 |
| 人工智慧 | 0 |
| 創客總數 | 9 |

# Chapter 09

# 有線可循

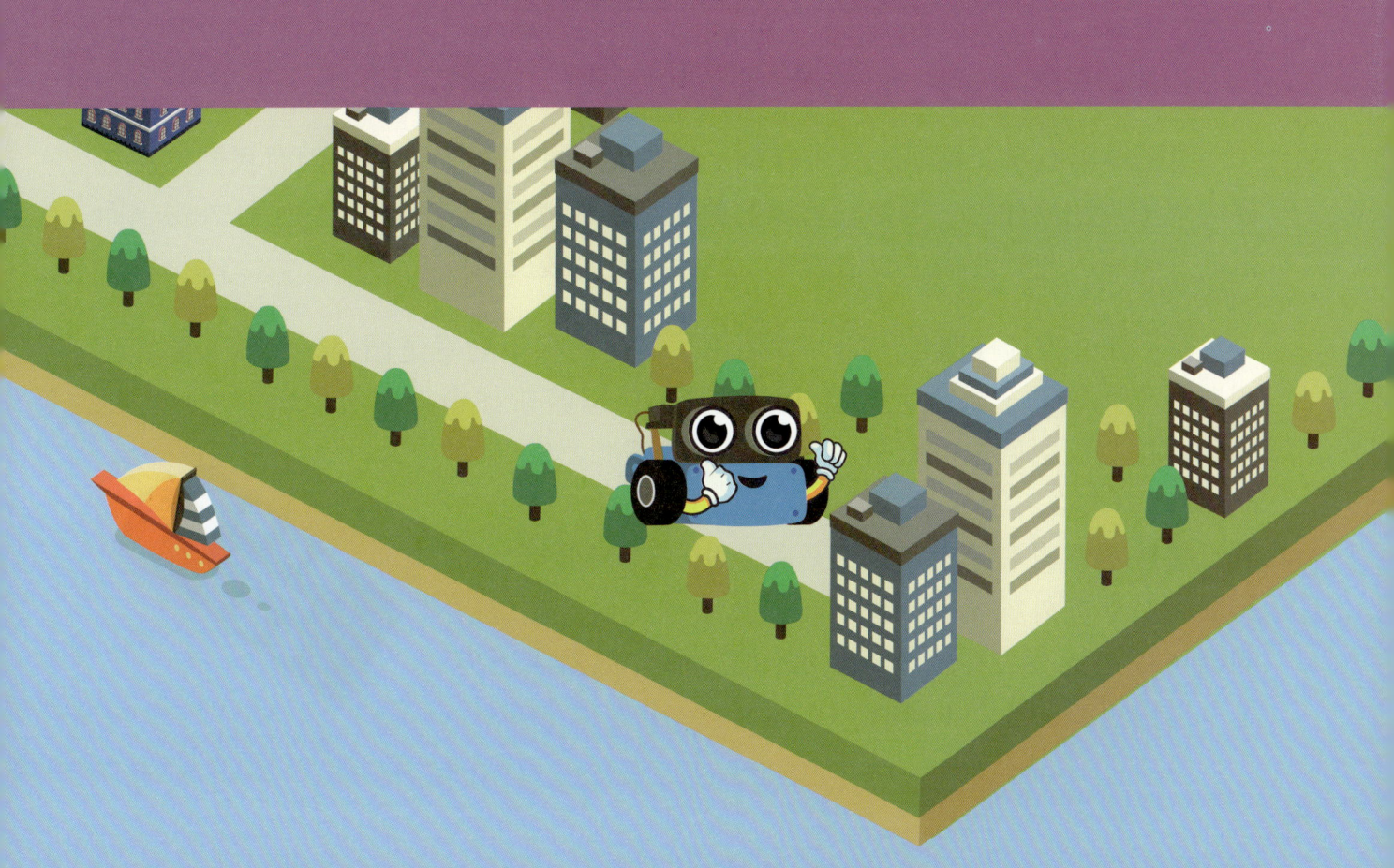

9-1　什麼是循線感測器？
9-2　mBot 上的循線感測器
9-3　循線感測器在 mBlock 5 中的應用
9-4　程式範例
實作題

## 9-1 什麼是循線感測器？

我們看到物體呈現不同的顏色，是因為不同的光源顏色照射在物體時，會顯示不同的顏色。正常情況下，陽光的顏色是白色，在白色或與物體本身相同顏色的光源照射物體時，物體顯示的顏色會維持不變。但被與物體本身顏色不同的光源照射物體時，物體則會呈現黑色。如果光源照射白色物體時，就會顯示出光源的顏色。

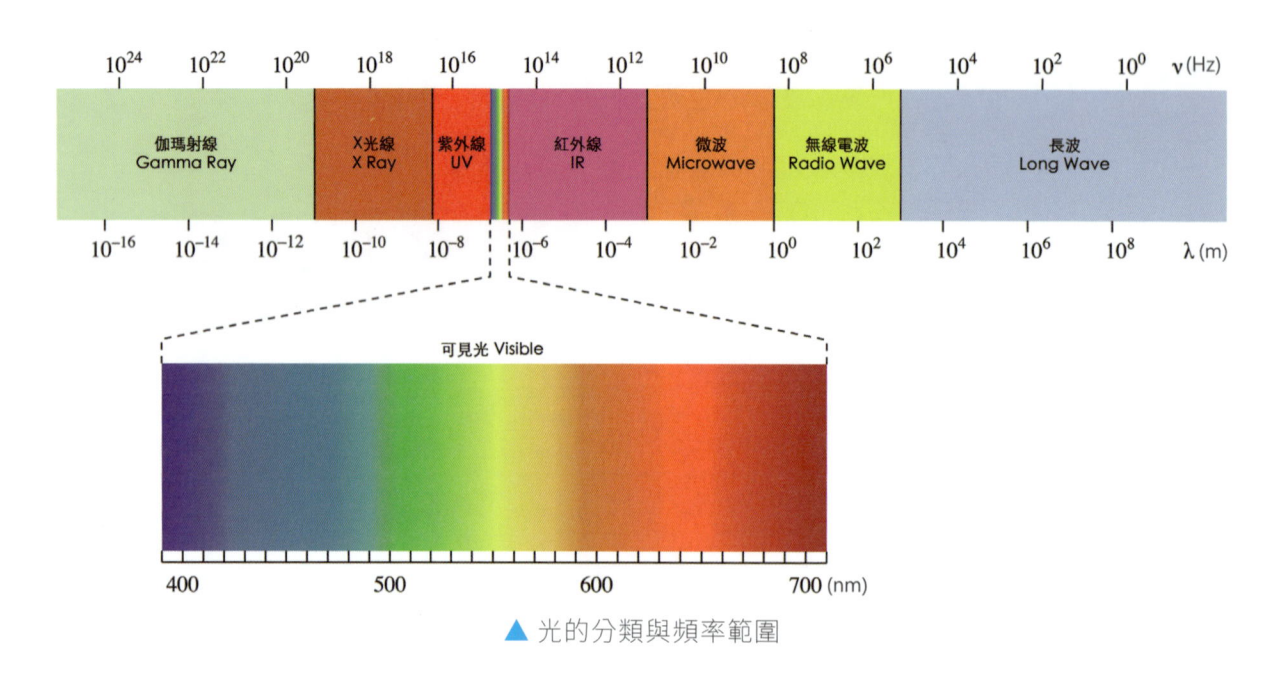

▲ 光的分類與頻率範圍

還記得第七章介紹過的紅外線嗎？紅外線不在可見光域中，因而我們無法單靠肉眼知道它的顏色。但當紅外線照射在黑色物體時，該物體吸收了紅外線，而當紅外線照射在其他顏色的物體時，就會在吸收後反射。

除了紅外線遙控器外，另一款運用了紅外線技術的就是循線感測器。循線感測器上有兩組的紅外線發射及接收裝置，每組裝置都會經由發射器射出，並由接收器接收反射回來的紅外線。由於循線感測器安裝到 mBot 機器人後，與地面的距離只有約 1.2 公分，加上發射及接收器本身有遮擋，因此等待反射的時間很短，不易受到其他紅外線訊號干擾。正因為這些特性，循線感測器可以通過有沒有紅外線反射知道 mBot 機器人下方是不是白色或是懸崖（桌邊）。

▲ 循線感測器

## 9-2　mBot 上的循線感測器

▲ mBot 機器人上循線感測器

　　一般情況下，循線感測器都會安裝在 mBot 機器人的底部，也可根據需要，安裝在其他地方。雖然 mBot 機器人的紅外線收發裝置的功率不高，但亦不可直接近距離、長時間對準人體任何部位，以免造成傷害。

## 9-3　循線感測器在 mBlock 5 中的應用

　　在 mBlock 5 的開發環境中，我們可以透過「偵測」中的「循線感測器…數值」及「循線感測器…檢測到…為…？」積木偵測循線感測器的值：

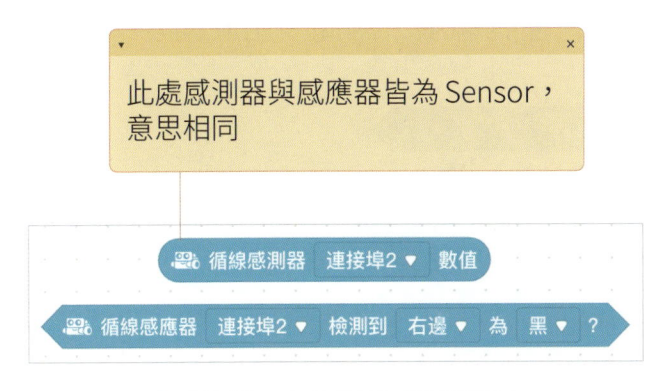

此處感測器與感應器皆為 Sensor，意思相同

▲「偵測」中的循線感測器積木　　　　　▲「循線感測器…數值」積木

第一款「循線感測器…數值」可以連接 mBot 機器人的所有連接埠,但是一般我們會用預設的連接埠 2。它的使用方法較為簡單,它會根據情況,直接回傳數字 0 至 3:

| 示意圖 | Sensor 1(左) | Sensor 2(右) | 回傳值 |
|---|---|---|---|
| ▲ 完全處於黑線上 | 黑色 | 黑色 | 0 |
| ▲ mBot 機器人靠右 | 黑色 | 白色 | 1 |
| ▲ mBot 機器人靠左 | 白色 | 黑色 | 2 |
| ▲ 完全不在黑線上 | 白色 | 白色 | 3 |

而另一款「循線感應器…檢測到…為…?」會分別檢查個別的紅外線收發裝置,並回傳的是布林值。但如果在循線比賽中使用會極為麻煩,因此多用於創客中。

▲ 「循線感應器…檢測到…為…?」積木

## 9-4 程式範例

mBot 機器人的循線千變萬化，不同的情況會有不同的應對方法，只有將所有應對方法集合起來，才可以應對所有情況。

### 9-4.1 基礎循線

基礎循線是指 mBot 機器人的循線中最基本的四個情況和它們的處理方法。

第一種是循線感測器回傳的狀態 0，表示左右兩個感測器都偵測到黑色，循線感測器完全在黑色線軌道上，但不代表 mBot 機器人與黑色線平行重疊。程式上，我們只要讓 mBot 機器人繼續向前行，如果下一個狀態仍然是 0，代表 mBot 機器人真的與黑色線平衡重疊，但如果是其他情況，則在之後的狀態上再修正。

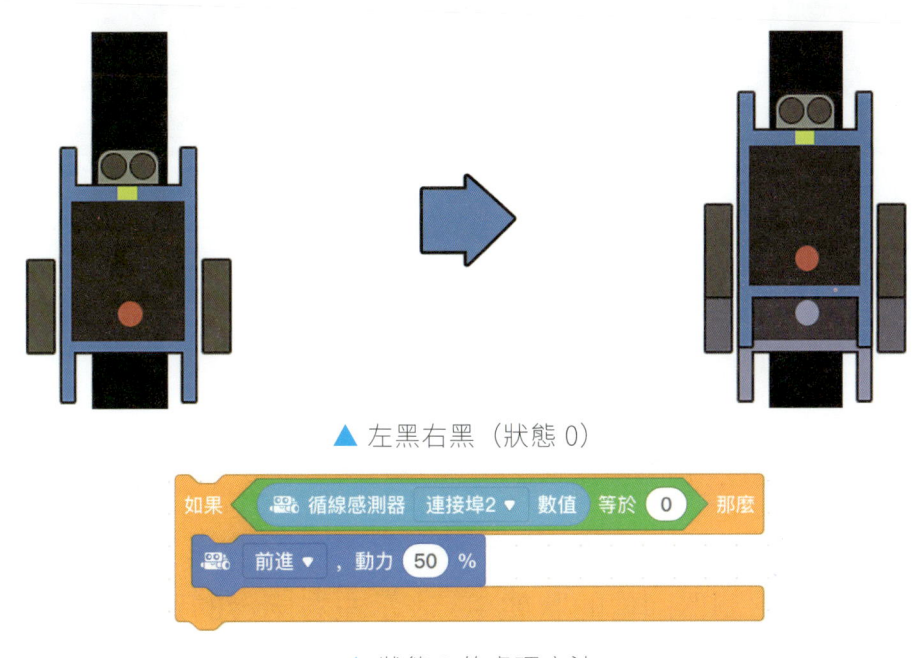

▲ 左黑右黑（狀態 0）

▲ 狀態 0 的處理方法

第二種是循線感測器回傳的狀態 1，表示左邊的感測器偵測到黑色，而右邊的感測器偵測到白色，循線感測器向右偏離黑色線軌道。程式上，我們需要讓 mBot 機器人左轉，使它返回黑色線軌道上，並在之後的狀態上再修正。

▲ 左黑右白（狀態 1）

▲ 狀態 1 的處理方法

　　第三種是循線感測器回傳的狀態 2，表示右邊的感測器偵測到黑色，而左邊的感測器偵測到白色，循線感測器向左偏離黑色線軌道。程式上，我們需要讓 mBot 機器人右轉，使它返回黑色線軌道上，並在之後的狀態上再修正。

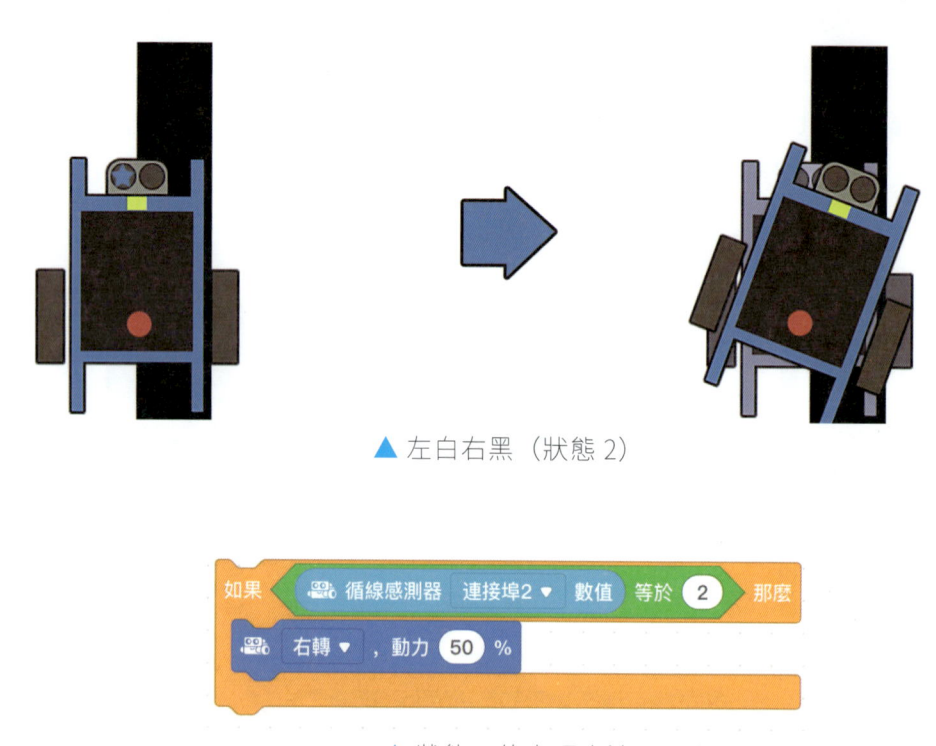

▲ 左白右黑（狀態 2）

▲ 狀態 2 的處理方法

　　最後一種是循線感測器回傳的狀態 3，表示左右兩邊的感測器都偵測到白色，循線感測器完全偏離黑色線軌道。程式上，我們可以讓 mBot 機器人後退，使它返回黑色線軌道上，並在之後的狀態上再修正。

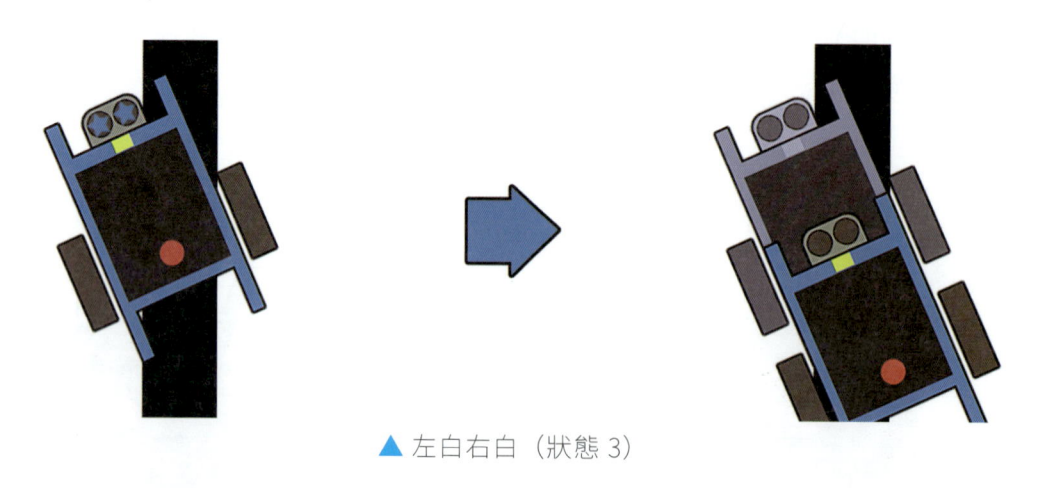

▲ 左白右白（狀態 3）

```
如果  循線感測器 連接埠2▼ 數值 等於 3  那麼
    後退▼ ，動力 50 %
```

▲ 狀態 3 的處理方法

因此，綜合上述所有的情況，基礎的循線程式會是這樣的：

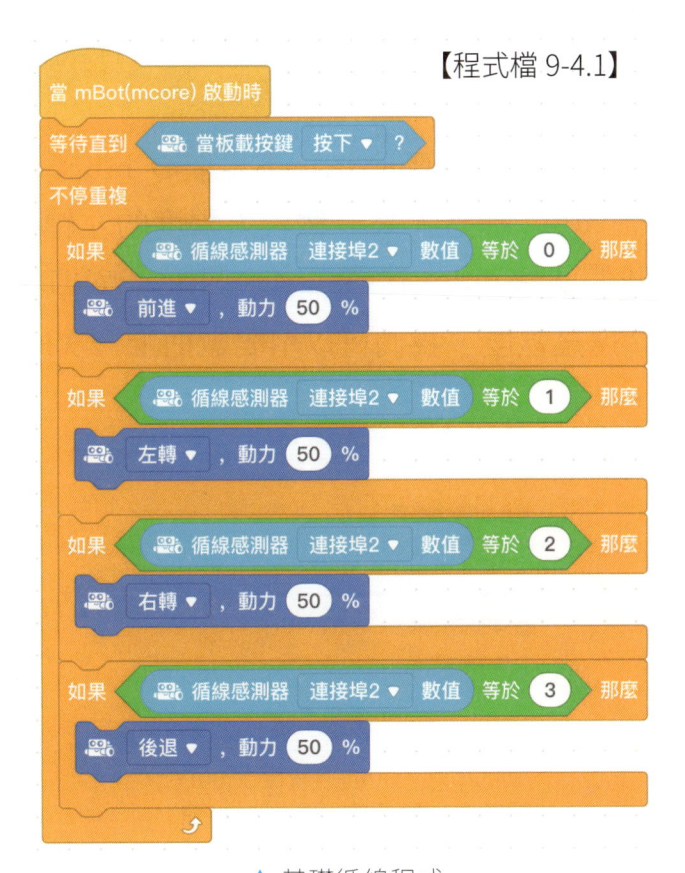

【程式檔 9-4.1】

```
當 mBot(mcore) 啟動時
等待直到  當板載按鍵 按下▼ ?
不停重複
    如果  循線感測器 連接埠2▼ 數值 等於 0  那麼
        前進▼ ，動力 50 %
    如果  循線感測器 連接埠2▼ 數值 等於 1  那麼
        左轉▼ ，動力 50 %
    如果  循線感測器 連接埠2▼ 數值 等於 2  那麼
        右轉▼ ，動力 50 %
    如果  循線感測器 連接埠2▼ 數值 等於 3  那麼
        後退▼ ，動力 50 %
```

▲ 基礎循線程式

## 9-4.2 進階循線

如果你仔細想一想就會發現，當循線感測器回傳狀態 3 時，它會退後，才繼續前進。但一當它再前進，循線感測器就會再次偵測到狀態 3，導致 mBot 機器人不斷重複前進後退的動作，而卡在同一位置上。

為了有效解決這個問題，我們不能使用「後退」來應付狀態 3，當然我們也不可以使用「前進」，不然 mBot 機器人會走到不知道哪裡了。剩下來的選擇只有「左轉」或「右轉」了。那應該是「左轉」還是「右轉」呢？那就取決自它原來是在甚麼狀態了。

如果上一次是左轉，但因為轉動的修正不足而令 mBot 機器人完全偏離黑色線軌道，我們就可以讓 mBot 機器人來一個較大幅度的左轉，令它重回正軌。但如果上一次是右轉，我們就讓 mBot 機器人來一個較大幅度的右轉了。

要知道上一次的狀態是甚麼，我們可以用變數把上一次的狀態記錄下來：

▲ 新增變數紀錄「上一個狀態」

如果循線感測器回傳狀態 1 或是 2 時，我們可以把狀態記錄下來：

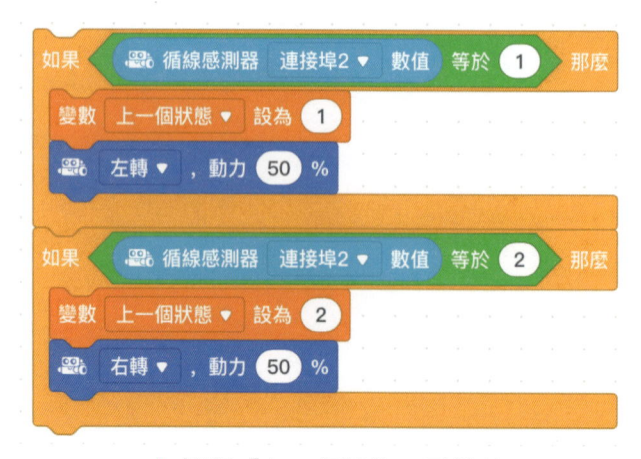

▲ 記錄「上一個狀態」到變數

然後在循線感測器回傳狀態 3 時，來一個大幅度的左轉或是右轉，取代原來的後退：

▲ 更新狀態 3 的處理方法

所以更新後的進階循線程式，會變成這樣：

【程式檔 9-4.2】

▲ 進階循線程式

## 9-4.3 進階循線（直角及銳角）

在眾多特殊情況中，直角及銳角可算是比較常出現的情況。如果我們應用基礎循線程式，你會發現當 mBot 機器人到達直角或銳角時，循線感測器會回傳狀態 3，然後它會退後並再前進，不斷重複前進後退的動作。

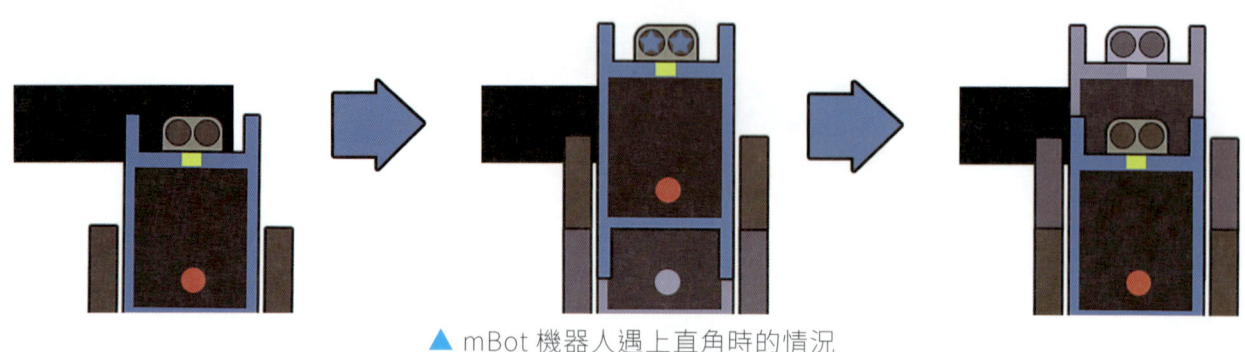

▲ mBot 機器人遇上直角時的情況

那麼遇到直角時，我們需要讓 mBot 機器人向左轉或向右轉，離開直角。要這樣做，我們有兩個方法：第一種是預先設定，如果你能預先知道路線，你可以新增一個變數，記錄 mBot 機器人的第幾個特殊情況，因應第幾個特殊情況執行什麼指令。但這個方法會令你的程式變得不靈活，如果運行當中出錯，則會導致整個程式失誤。因此不建議使用這種方法。

另一種方法是讓 mBot 機器人向左轉及右轉找黑色線，為了能同時應付直角和銳角，我們要先測試轉動大概 150 度所需要的時間，詳細方法可以參考「4-6 mBot 的轉動角度」。

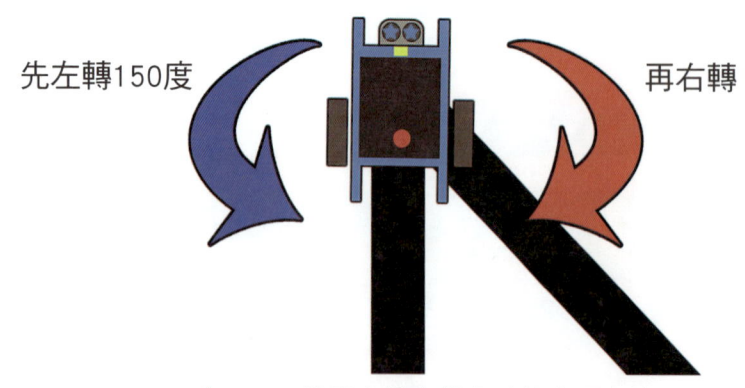

先左轉150度　　再右轉

▲ mBot 機器人遇上銳角時的處理方法

先讓 mBot 機器人左轉約 150 度，如果中途找到黑色線，那麼很好，可以繼續執行其他情況，否則，向右轉直至找到黑色線為止。向右轉時不設角度，是要避免 mBot 機器人遇上死路時，可以從原路走回去。左右轉的先後次序，取決於實際情況時，左轉的機會較多，還是右轉的機會較多，如果機率一樣，就取第一個特殊情況的方向。

【程式檔 9-4.3】

轉動150度約需0.435秒

▲ mBot 機器人遇上直角、銳角或死路時的程式

## 9-4.4　進階循線（虛線）

　　另一種比較常出現的特殊情況就是虛線，一般比賽中的虛線間隔都比較短，而且是一般都是直的虛線，不然難度會太高。與其他特殊情況一樣，使用「後退」會令 mBot 機器人不斷重複前進後退的動作。

　　如果循線地圖上只有直的虛線，我們只需要讓 mBot 機器人繼續前進，直到返回黑色線就可以了：

▲ mBot 機器人遇上直的虛線時的程式

但如果不幸遇上彎曲的虛線，使用上述方法未必能令 mBot 機器人回到黑色線軌道上，反而令它越走越遠。因此，我們可以先讓 mBot 機器人向前走一小段路，如果找不到黑色線軌道，就讓它原地轉向，就像處理直角及銳角一樣：

▲ mBot 機器人遇上彎曲的虛線時的程式

綜合直角、銳角、虛線及普通轉彎的處理方法，我們可以：

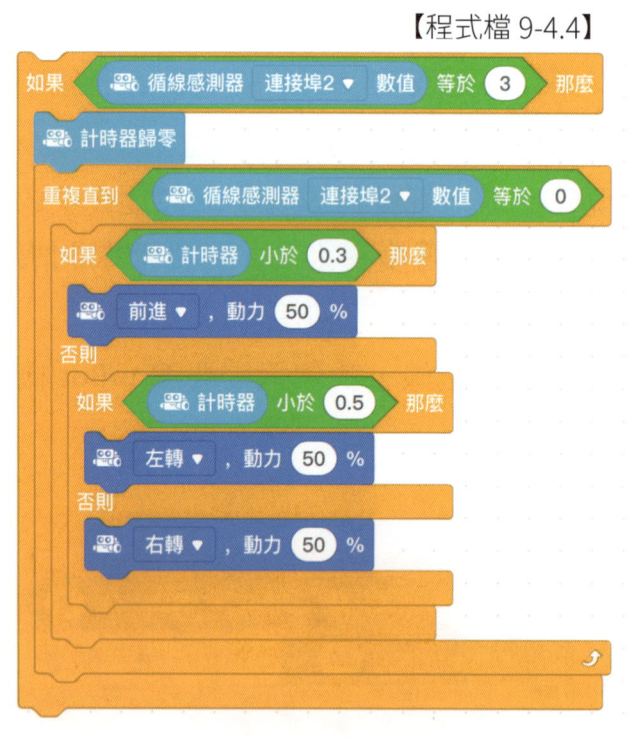

【程式檔 9-4.4】

▲ 完整進階循線程式

## 9-4.5　循線避障

當 mBot 機器人在循線地圖上遇上障礙物時，我們就需要借助超音波偵測器檢測距離，然後做出避障的動作。避障的方法有兩種，一種是方形走法，容易但花時間，詳細做法可以參考 8-4-2 挑戰題解答（P.163）。另一種就是使用弧形走法，使用雙馬達控制，讓 mBot 機器人走出一個半圓形，然後回到黑色線軌道上。

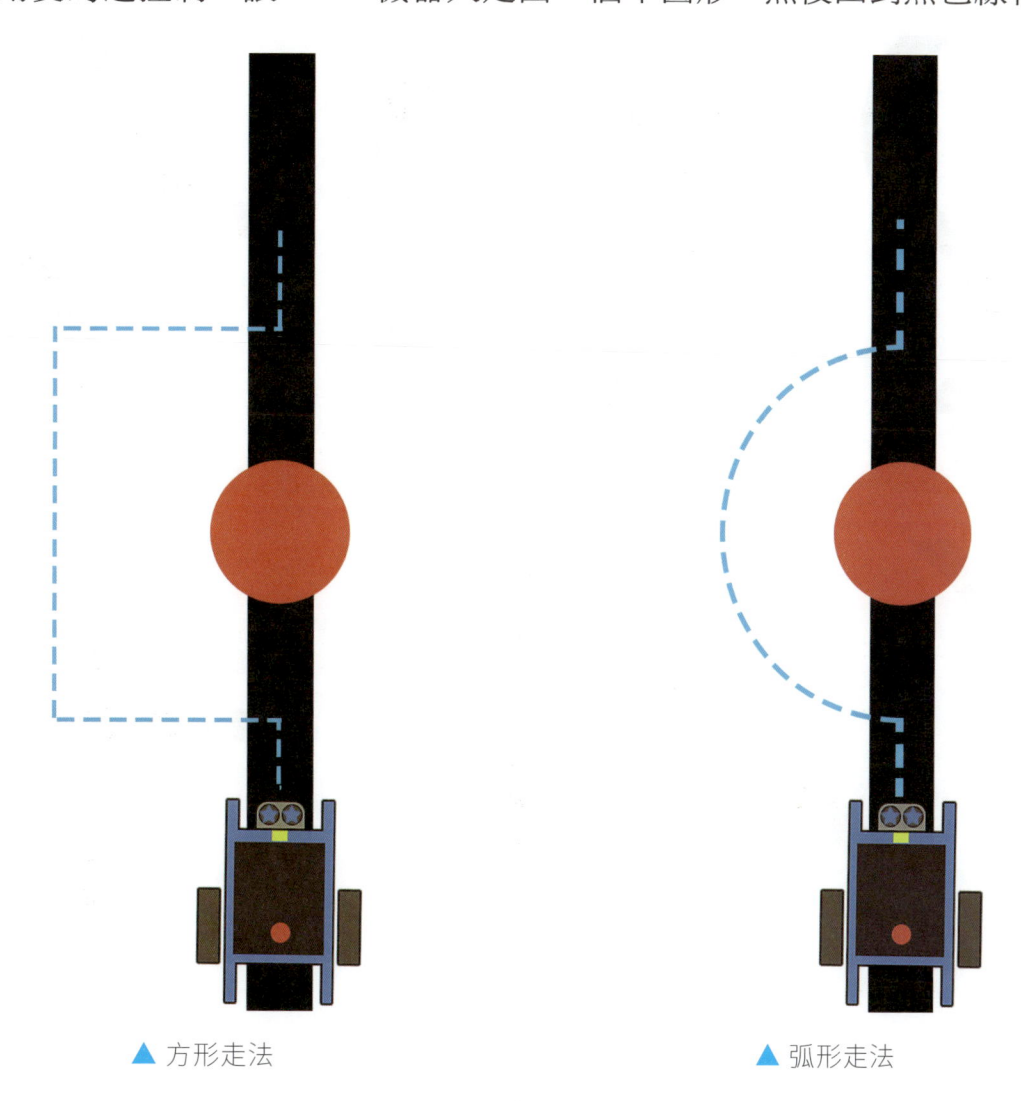

▲ 方形走法　　　　　　　　▲ 弧形走法

實際操作需要按情況進行測試，才能找出正確的左馬達和右馬達的轉速。當它在走半圓形的同時，需檢查有沒有接觸到黑色線軌道，以防走多了的情況。一旦接觸到黑色線軌道，即可以讓 mBot 機器人左轉或右轉回到正常的軌道上。

> **挑戰題**

　　由於循線地圖的情況多變，我們可以用電線膠帶自行貼出地圖練習，也可以使用列印的方式，但需注意印刷時用上全黑色，並且避免反光。另外，也可以在 Google Drive 下載路線圖進行拼貼，路線圖包括以下常見的選項：

【路線圖 9-4.5】

▲ 曲線　　　　　　▲ 圓形　　　　　　▲ 外弧線

▲ 外直線　　　　　▲ 銳角　　　　　　▲ 十字

▲ 直線

# Chapter 10
# Makeblock 的額外模組應用

10-1 模組及感測器分類
10-2 連接埠適用性
10-3 常用的模組及感測器

除了超音波感測器及循線感測器等原裝感測器之外，Makeblock 也推出了不少感測器及模組，讓使用者能發揮創意，創出不同的可能。

## 10-1 模組及感測器分類

Makeblock 按照模組及感測器的類型，進行顏色分類：

| 顏色 | 類型 | 例子 |
| --- | --- | --- |
| 藍 | 雙向數位訊號類 | ・Me 數字板<br>・Me 人體紅外線感測器 |
| 黃 | 單向數位訊號類 | ・Me 超音波感測器<br>・Me 溫濕度感測器 |
| 白 | I2C 介面類 | ・Me 3 軸加速陀螺儀<br>・Me 音頻播放模組 |
| 黑 | 模擬訊號類 | ・Me 聲音感測器<br>・Me 光線感測器 |
| 灰 | 通訊類 | ・Me Wi-Fi 模組<br>・Me 藍牙模組 |
| 紅 | 馬達驅動模組 | ・Me 編碼馬達驅動模組<br>・Me 步進馬達驅動模組 |

## 10-2 連接埠適用性

而不同主控板上的連接埠也標明這個連接埠適用的顏色，連接錯誤會有機率不能正常運作：

| 主控板 | 連接埠 | 模組適用顏色 |
|---|---|---|
| mCore | 連接埠 1／2 | 🟦 🟨 ⬜ |
| mCore | 連接埠 3／4 | 🟦 🟨 ⬜ ⬛ |
| Makeblock Orion | 連接埠 1／2 | 🟥 |
| Makeblock Orion | 連接埠 3／4 | 🟦 🟨 ⬜ |
| Makeblock Orion | 連接埠 5 | 🟦 🟨 ⬛ |
| Makeblock Orion | 連接埠 6 | 🟦 🟨 ⬜ ⬛ |
| Makeblock Orion | 連接埠 7／8 | 🟨 ⬜ ⬛ |
| Me Auriga | 連接埠 1／2／3／4 | 🟥 |
| Me Auriga | 連接埠 5 | ⬛ |
| Me Auriga | 連接埠 6／7／8／9／10 | 🟦 🟨 ⬜ ⬛ |

## 10-3 常用的模組及感測器

在「延伸集」內有不少擴展,如「創客平台」、「RGB 循線感測器」、「顏色感測器」等。加入擴展後,會獲得大部分模組及感測器的積木。

### 10-3.1 雙向數位訊號類

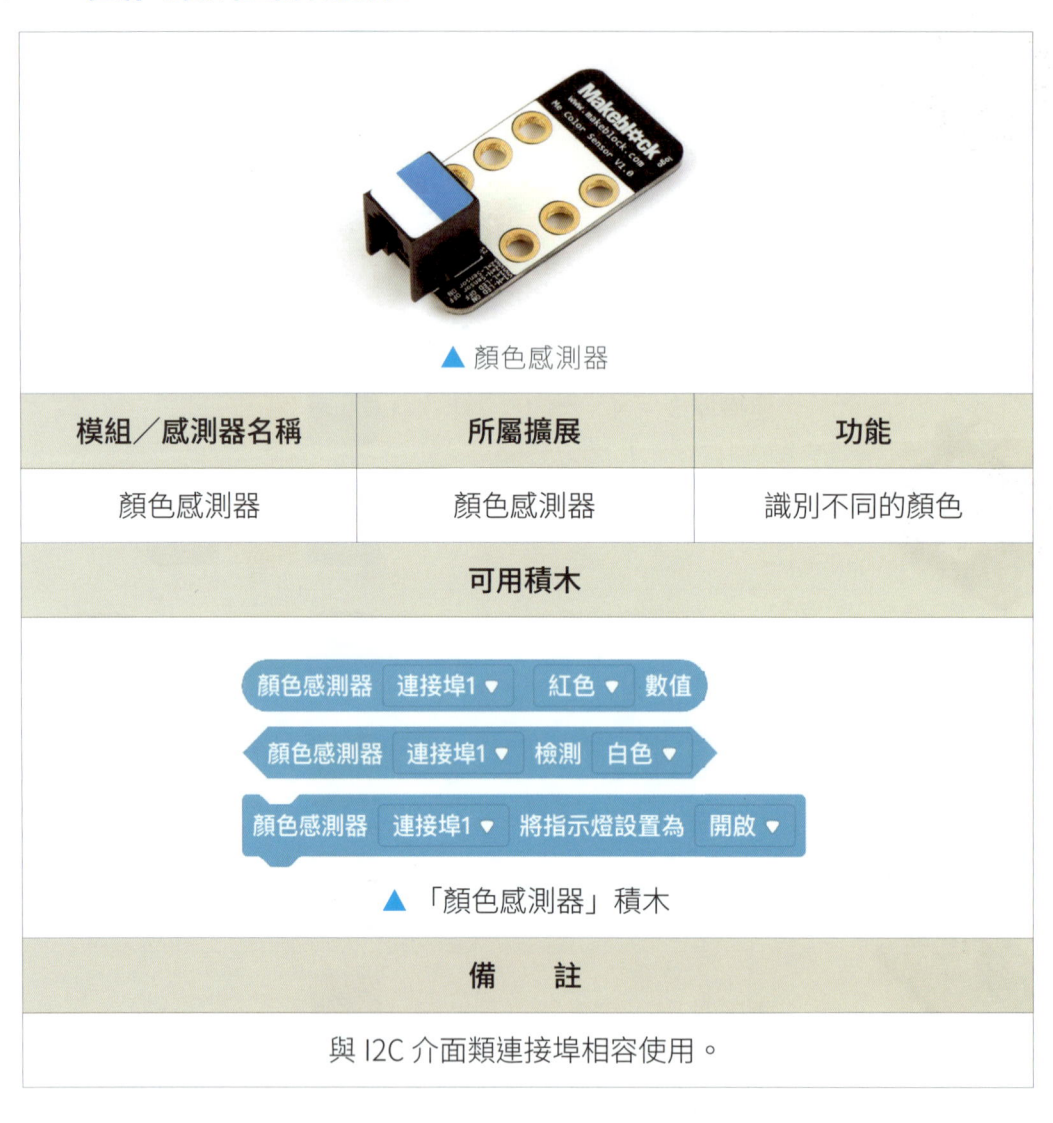

▲顏色感測器

| 模組／感測器名稱 | 所屬擴展 | 功能 |
|---|---|---|
| 顏色感測器 | 顏色感測器 | 識別不同的顏色 |

**可用積木**

顏色感測器 連接埠1▼ 紅色▼ 數值

顏色感測器 連接埠1▼ 檢測 白色▼

顏色感測器 連接埠1▼ 將指示燈設置為 開啟▼

▲「顏色感測器」積木

**備 註**

與 I2C 介面類連接埠相容使用。

▲ RGB 循線感測器

| 模組／感測器名稱 | 所屬擴展 | 功能 |
| --- | --- | --- |
| RGB 循線感測器 | RGB 循線感測器 | 識別深淺顏色，並進行循線 |
| 可用積木 |||

▲ 「RGB 循線感測器」積木

| 備　註 |
| --- |
| 與 I2C 介面類連接埠相容使用。 |

▲ 觸摸感測器

| 模組／感測器名稱 | 所屬擴展 | 功能 |
| --- | --- | --- |
| 觸摸感測器 | 創客平台 | 用可變面積的區域取代傳統的按鈕鍵 |
| 可用積木 ||| 

觸摸感測器 連接埠1 ▼ 被觸摸?

▲ 「觸摸感測器」積木

▲ 人體紅外線感測器

| 模組／感測器名稱 | 所屬擴展 | 功能 |
| --- | --- | --- |
| 人體紅外線感測器 | 創客平台 | 檢測人發出的紅外輻射，從而檢測移動 |
| 可用積木 |||

人體紅外線感測器 連接埠2 ▼ 人在移動?

▲ 「人體紅外線感測器」積木

▲ 數字板模組

| 模組／感測器名稱 | 所屬擴展 | 功能 |
|---|---|---|
| 數字板模組 | 創客平台 | 顯示數字和少數特殊字符 |
| 可用積木 |||

▲ 「數字板模組」積木

▲ 快門線模組

| 模組／感測器名稱 | 所屬擴展 | 功能 |
|---|---|---|
| 快門線模組 | 創客平台 | 實現數位單眼相機自動拍照的功能 |
| 可用積木 |||

▲ 「快門線模組」積木

▲ LED 表情面板

| 模組／感測器名稱 | 所屬擴展 | 功能 |
| --- | --- | --- |
| LED 表情面板 | 創客平台 | 顯示數字、字母或符號 |

| 可用積木 |
| --- |

- 表情面板 連接埠1▼ 顯示圖案 ▦ 持續 1 秒
- 表情面板 連接埠1▼ 顯示圖案 ▦
- 表情面板 連接埠1▼ 顯示圖案 ▦ 於 x: 0 y: 0
- 表情面板 連接埠1▼ 顯示文字 hello
- 表情面板 連接埠1▼ 顯示文字 hello 位置 x: 0 y: 0
- 表情面板 連接埠1▼ 顯示數字 2048
- 表情面板 連接埠1▼ 顯示時間 12 : 0
- 表情面板 連接埠1▼ 清除畫面

▲ 「LED 表情面板」積木

## 10-3.2　單向數位訊號類

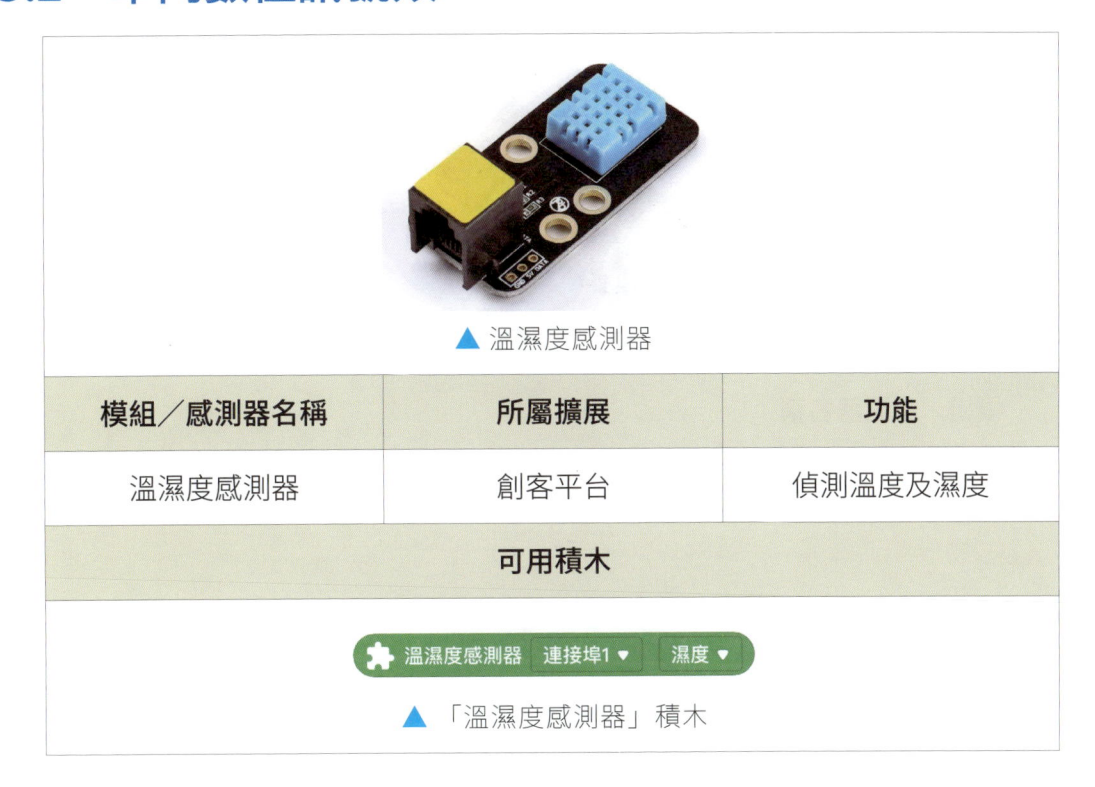

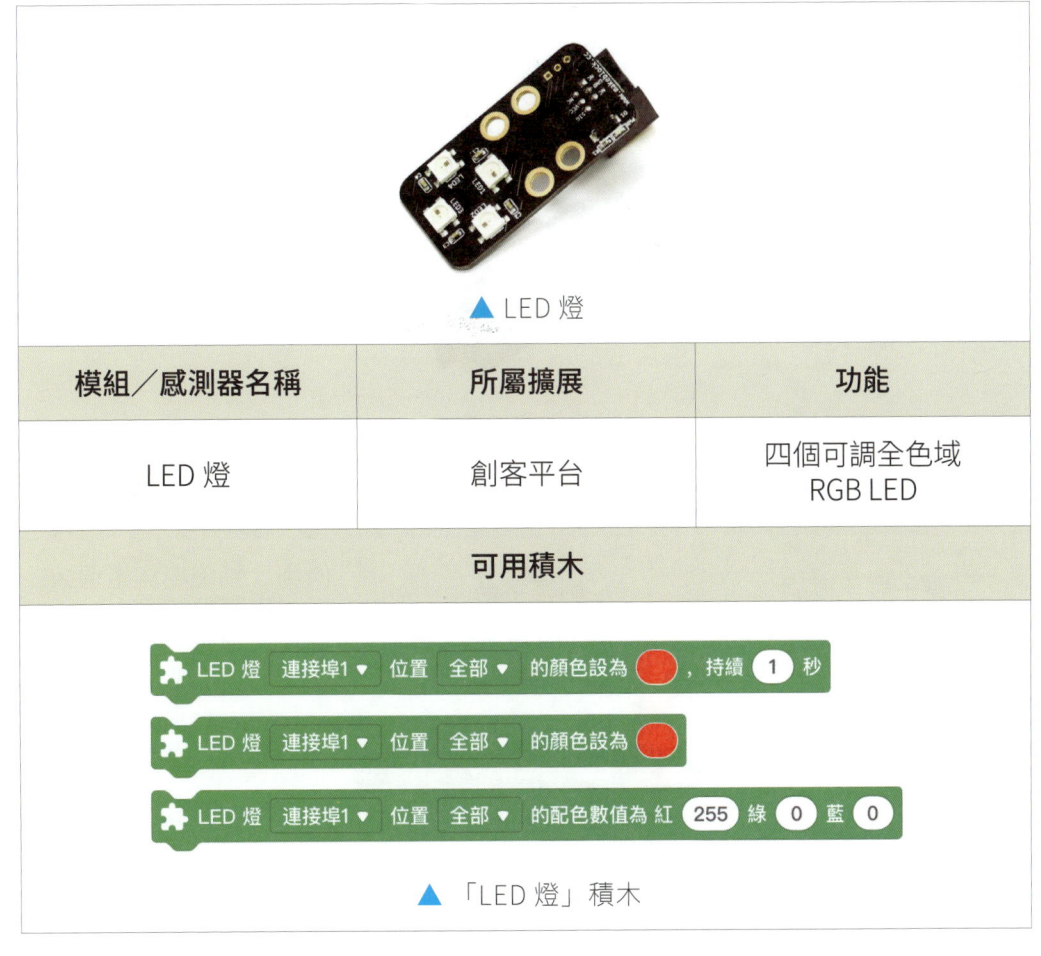

▲ 溫濕度感測器

| 模組／感測器名稱 | 所屬擴展 | 功能 |
|---|---|---|
| 溫濕度感測器 | 創客平台 | 偵測溫度及濕度 |
| 可用積木 |||

溫濕度感測器　連接埠1▼　濕度▼

▲「溫濕度感測器」積木

▲ LED 燈

| 模組／感測器名稱 | 所屬擴展 | 功能 |
|---|---|---|
| LED 燈 | 創客平台 | 四個可調全色域 RGB LED |
| 可用積木 |||

LED 燈　連接埠1▼　位置　全部▼　的顏色設為 ●，持續 1 秒

LED 燈　連接埠1▼　位置　全部▼　的顏色設為 ●

LED 燈　連接埠1▼　位置　全部▼　的配色數值為 紅 255 綠 0 藍 0

▲「LED 燈」積木

## 10-3.3　I2C 介面類

▲ 三軸加速度陀螺儀

| 模組／感測器名稱 | 所屬擴展 | 功能 |
| --- | --- | --- |
| 三軸加速度陀螺儀 | 創客平台 | 機器人運動及姿態檢測 |
| 可用積木 |||

▲ 三軸加速度「陀螺儀」積木

| 備註 |
| --- |
| 因為是 I2C，故不選連接埠。 |

▲ 電子羅盤模組

| 模組／感測器名稱 | 所屬擴展 | 功能 |
| --- | --- | --- |
| 電子羅盤模組 | 創客平台 | 偵測 3 軸磁場測量值，從而得知方向 |
| 可用積木 |||

▲「電子羅盤模組」積木

## 10-3.4 模擬訊號類

▲ 聲音感應器

| 模組／感測器名稱 | 所屬擴展 | 功能 |
| --- | --- | --- |
| 聲音感應器 | 創客平台 | 對周圍環境中的聲音強度進行檢測 |
| 可用積木 |||

▲「聲音感應器」積木

▲ 光線感測器

| 模組／感測器名稱 | 所屬擴展 | 功能 |
| --- | --- | --- |
| 光線感測器 | 創客平台 | 對周圍環境中的光線強度進行檢測 |
| 可用積木 |||

▲「光線感測器」積木

▲ 旋轉電位器模組

| 模組／感測器名稱 | 所屬擴展 | 功能 |
|---|---|---|
| 旋轉電位器模組 | 創客平台 | 用作數值輸入設定，例如可調整馬達轉速或 LED 燈亮度 |

**可用積木**

▲「旋轉電位器模組」積木

▲ 四鍵按鈕模組

| 模組／感測器名稱 | 所屬擴展 | 功能 |
|---|---|---|
| 四鍵按鈕模組 | 創客平台 | 包含四個按鈕，可根據不同按鍵的操作，執行選擇或確定的動作 |

**可用積木**

▲「四鍵按鈕模組」積木

▲ 氣體感應器

| 模組／感測器名稱 | 所屬擴展 | 功能 |
|---|---|---|
| 氣體感應器 | 創客平台 | 用作在家庭和工廠的氣體洩漏監測裝置 |

| 可用積木 |
|---|
| 氣體感應器 連接埠3 ▼ 數值 |

▲ 「氣體感應器」積木

▲ 火焰感應器

| 模組／感測器名稱 | 所屬擴展 | 功能 |
|---|---|---|
| 火焰感應器 | 創客平台 | 可用於檢測波長在 760 nm 至 1100 nm 範圍內的火源或光源 |

| 可用積木 |
|---|
| 火焰感應器 連接埠3 ▼ 數值 |

▲ 「火焰感應器」積木

▲ 搖桿模組

| 模組／感測器名稱 | 所屬擴展 | 功能 |
|---|---|---|
| 搖桿模組 | 創客平台 | 以搖桿作輸入，可用於控制 mBot 機器人的移動或互動視訊遊戲等方面 |
| 可用積木 |||

▲「搖桿模組」積木

## 10-3.5　通訊類

▲ 紅外線接收模組

| 模組／感測器名稱 | 所屬擴展 | 功能 |
|---|---|---|
| 紅外線接收模組 | 創客平台 | 接收遠處發來的紅外信號 |
| 可用積木 |||

▲「紅外線接收模組」積木

## 10-3.6　需配合 RJ25 適配器使用的模組及感測器

▲ 防水溫度感應器

| 模組／感測器名稱 | 所屬擴展 | 功能 |
| --- | --- | --- |
| 防水溫度感應器 | 創客平台 | 金屬管溫度計，抗干擾能力強，精度高且外部有橡膠管能防水 |
| 可用積木 |||

`溫度感應器 連接埠3▼ 插座1▼ 溫度(℃)`

▲「防水溫度感應器」積木

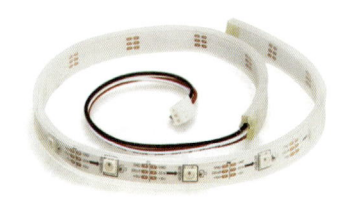

▲ RGB LED 燈帶

| 模組／感測器名稱 | 所屬擴展 | 功能 |
| --- | --- | --- |
| RGB LED 燈帶 | 創客平台 | 1 公尺長的 LED RGB 燈帶，共包含 30 個 RGB LED，可以通過程式設計來單獨控制每個 RGB 的顏色和亮度 |
| 可用積木 |||

`LED 燈條 連接埠1▼ 插座1▼ 全部顏色設為 紅▼`

`LED 燈條 連接埠1▼ 插座1▼ 位置 1 的顏色設為 紅▼`

`LED 燈條 連接埠1▼ 插座1▼ 位置 1 的配色數值為 紅 255 綠 0 藍 0`

▲「RGB LED 燈帶」積木

▲ 9g 伺服馬達

| 模組／感測器名稱 | 所屬擴展 | 功能 |
| --- | --- | --- |
| 9g 伺服馬達 | 創客平台 | 適用於那些角度需要不斷變化並可以保持的控制系統 |
| 可用積木 ||||

▲ 「9g 伺服馬達」積木

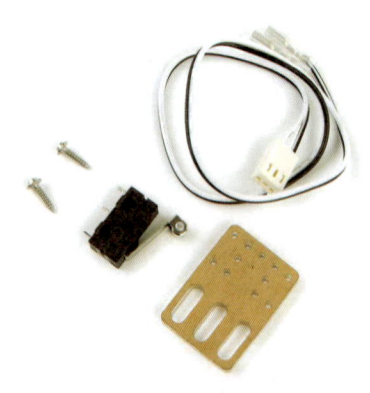

▲ 限位開關模組

| 模組／感測器名稱 | 所屬擴展 | 功能 |
| --- | --- | --- |
| 限位開關模組 | 創客平台 | 透過觸發向控制端發送信號 |
| 可用積木 ||||

▲ 「限位開關模組」積木

## 10-3.7 其他模組及感測器

除了以上所提及的模組和感測器，Makeblock 尚有很多不同的模組和感測器，但現時 mBlock 5 還沒有支援的積木，只能靠其他人開發或是自行開發。自行開發的教學可以參考：https://www.mblock.cc/mblock-extension-builder/

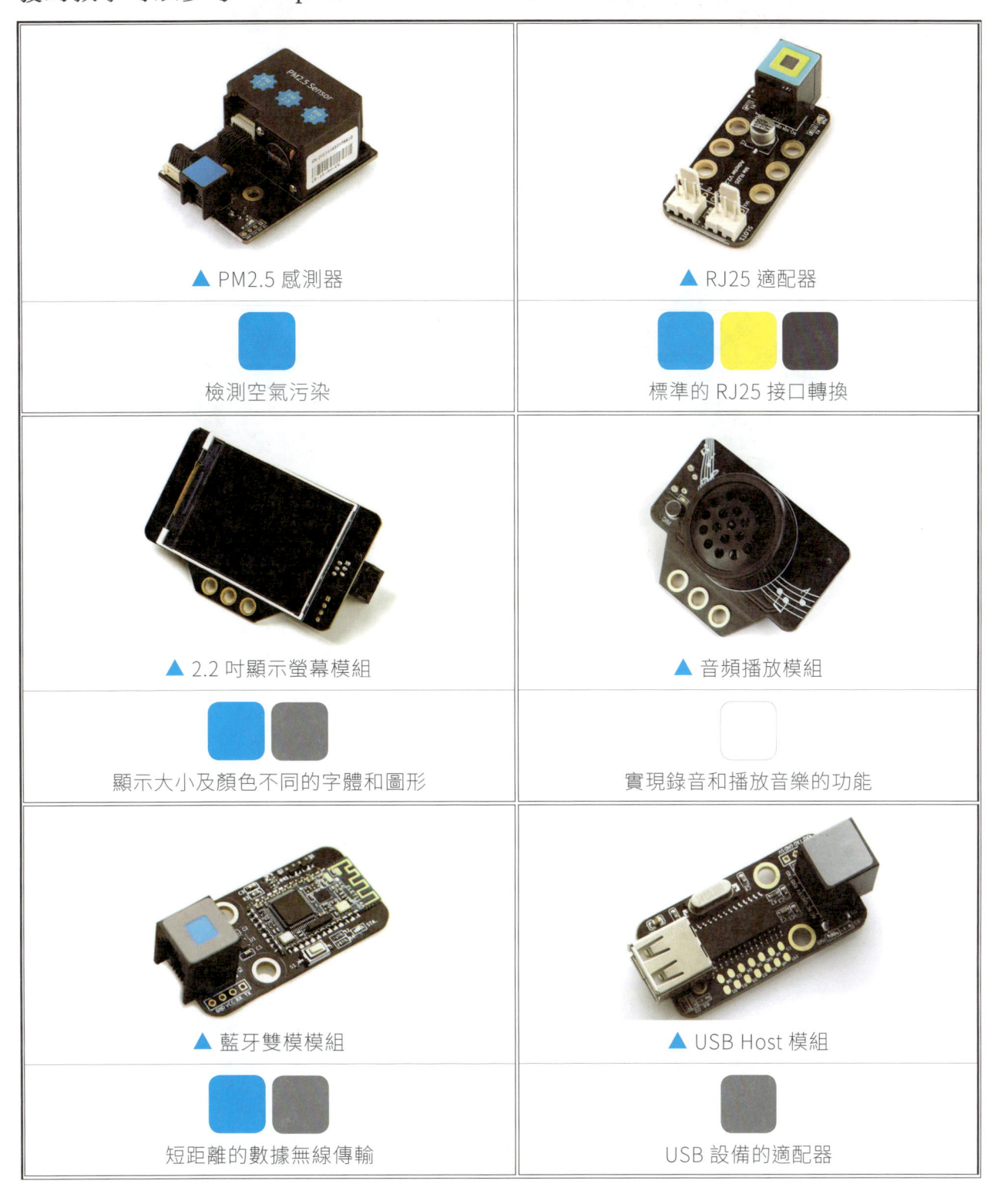

| ▲ PM2.5 感測器 | ▲ RJ25 適配器 |
|---|---|
| 檢測空氣污染 | 標準的 RJ25 接口轉換 |
| ▲ 2.2 吋顯示螢幕模組 | ▲ 音頻播放模組 |
| 顯示大小及顏色不同的字體和圖形 | 實現錄音和播放音樂的功能 |
| ▲ 藍牙雙模模組 | ▲ USB Host 模組 |
| 短距離的數據無線傳輸 | USB 設備的適配器 |

▲ Wi-Fi 模組

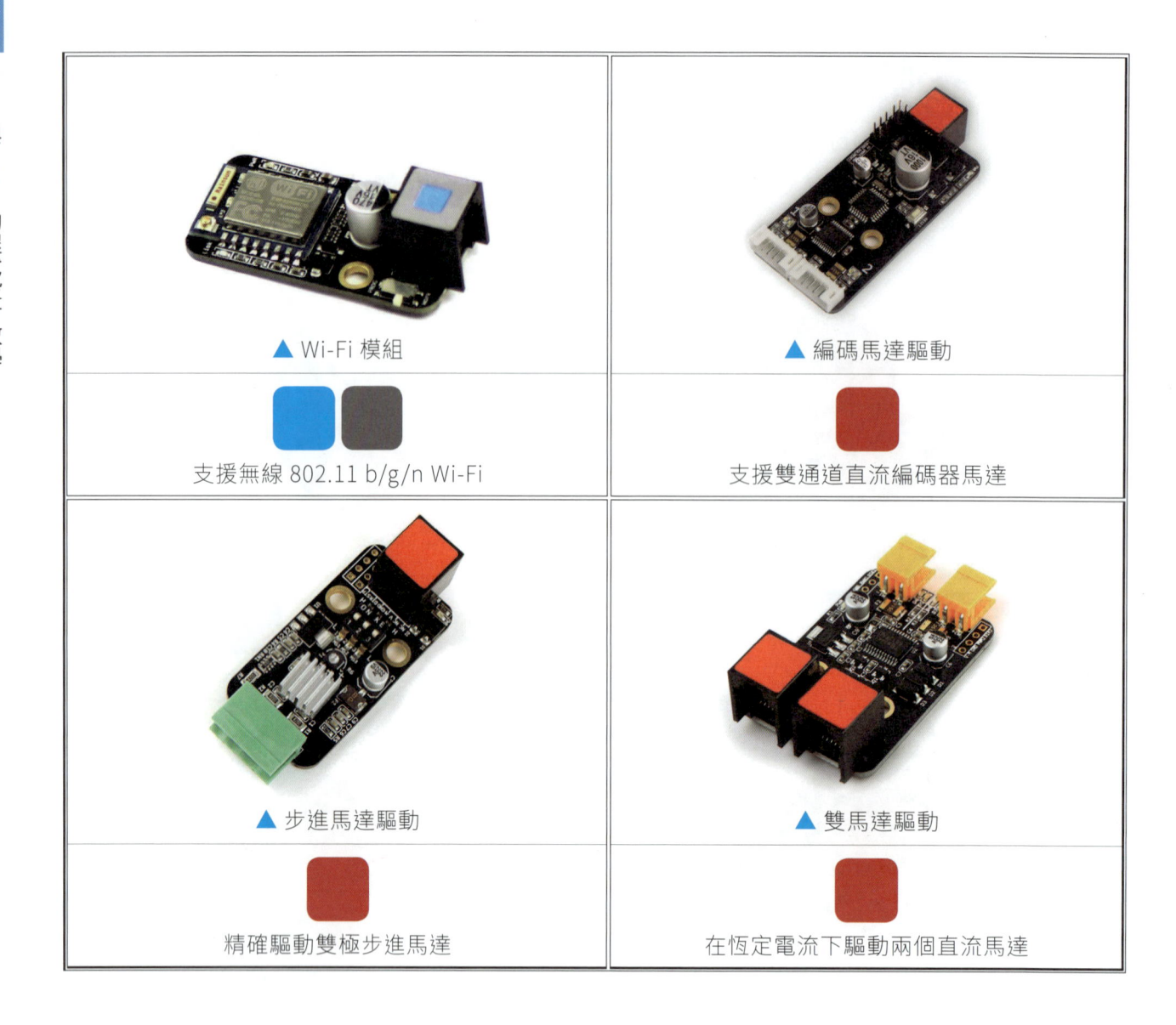

支援無線 802.11 b/g/n Wi-Fi

▲ 編碼馬達驅動

支援雙通道直流編碼器馬達

▲ 步進馬達驅動

精確驅動雙極步進馬達

▲ 雙馬達驅動

在恆定電流下驅動兩個直流馬達

# Chapter 11
# STEM 創客分享

11-1　智能交通燈
11-2　呼吸燈
11-3　安全警告單車套裝
11-4　循線音樂盒
11-5　mBot 水平儀
11-6　水溫指標屏
實作題

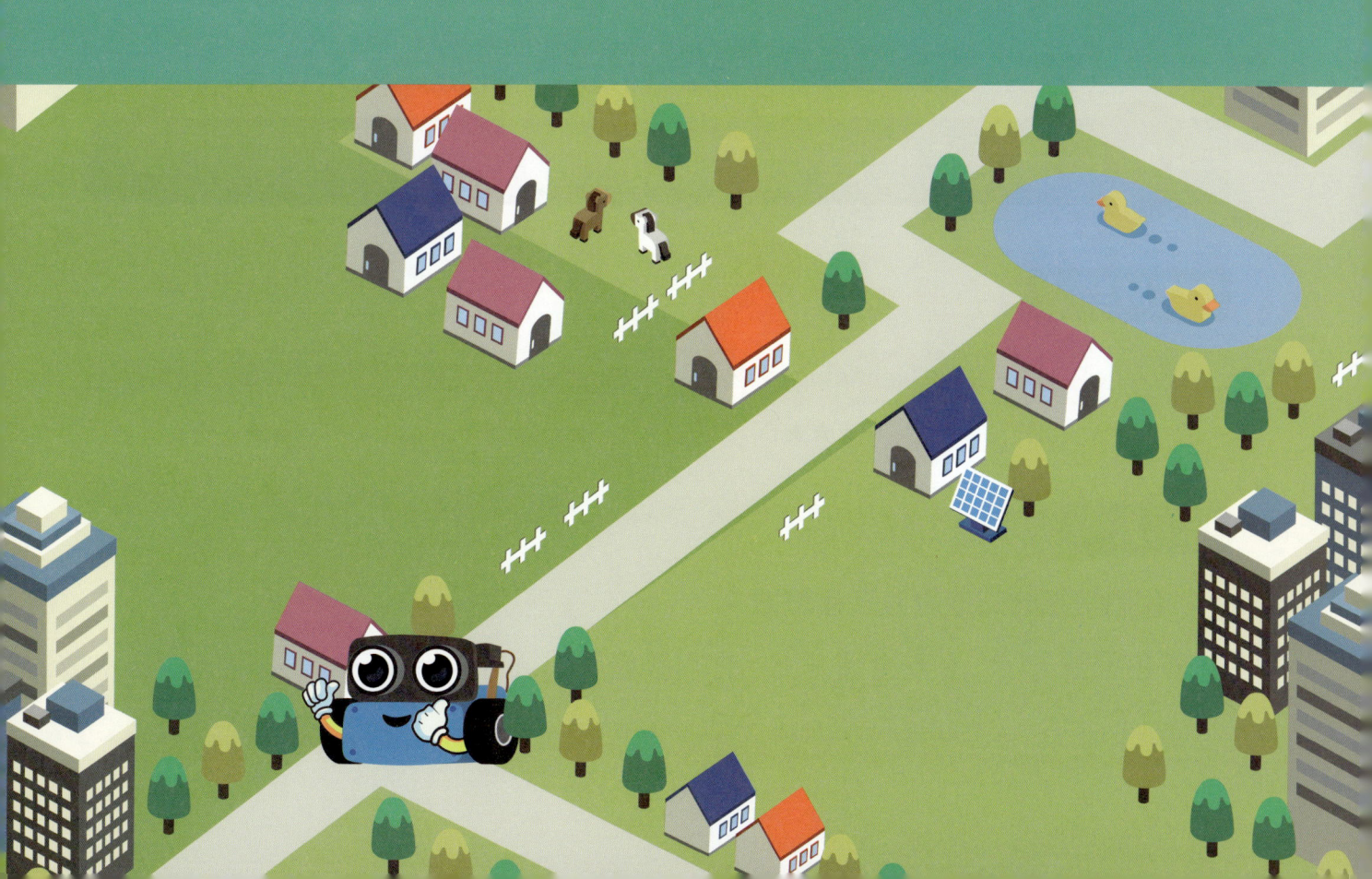

過去兩年，我都曾經使用 Makeblock 的感測器，創作出不少創客玩意，在這裡分享一下它們的專案設計和程式，部分專案能實際使用,也有用作實驗測試的,希望可以激發大家的創意，製作更多有趣的作品。

以下所有設計都是以 mCore 作為主控板，並配以不同的感測器，詳細的感測器列表可以參閱第十章的 mBot 機器人模組圖鑑。

另外，每個專案都根據 STEM 的四個領域，作出了相關性評級，科學及數學屬於理論型領域，而科技及工程則屬於實踐型領域。每個領域的內容包括：

| | |
|---|---|
| Science 科學 | 自然科學：生物學、物理學及化學 |
| | 社會科學：心理學、社會學及政治學 |
| | 人文科學：藝術及社會科學 |
| Technology 科技 | 程式編寫及設計 |
| | 感測器的認知及應用 |
| Engineering 工程 | 項目建構及最佳化 |
| Mathematics 數學 | 數：四則運算、整數、分數、小數及百分數 |
| | 圖形與空間：線、角、平面圖形、立體圖形及方向 |
| | 度量：貨幣、長度、時間、重量、容量、周界、面積、體積及速率 |
| | 數據處理：統計學及機率 |
| | 代數：邏輯、代數符號及方程 |

## 11-1 智能交通燈　　註：此專案僅限「在線模式」

### STEM 評級

| Science 科學 | Technology 科技 | Engineering 工程 | Mathematics 數學 |
|---|---|---|---|
| ★★★☆☆ | ★★★★☆ | ★☆☆☆☆ | ★★☆☆☆ |

### 背景資料

我們常見的交通燈有三種燈號：

◆ 綠色燈號表示，在安全情況下，你可駛過路口或行人過路。

◆ 綠色燈號之後，便是黃色燈號。黃色燈號亮著時，除非車輛過於接近路口或行人過路處，以致突然停車可能會引起交通意外，否則應該停車。

◆ 黃色燈號之後，便是紅色燈號。紅色燈號亮著時，應在「停止線」前停車。

◆ 紅色燈號仍然亮著時，如果黃色燈號亮起，此時應停車，或繼續停止不動，但須準備在綠燈亮著時開車，安全情況下駛過路口或行人過路處。當然，只可以在情況安全下開車。

### 專案簡介

　　智慧交通燈是一個既簡單，又能夠練習程式流程的專案。一般情況下，交通燈是按照上述的順序顯示紅、黃、綠色的燈號來指示車輛前進。但當行人按下過路輔助器時，就會延長行人過路的時間，即是延長交通燈紅色燈號的時間。另外，當交通燈紅色燈號亮起時，如果循線感測器偵測到有車輛停下超過 5 秒，將提早結束紅色燈號的時間。

### 模組使用

| 使用的感測器 | 連接埠 | 用處 |
| --- | --- | --- |
| 循線感測器 | 連接埠 2 | 偵測有沒有車輛正在等候 |
| LED 燈 | 連接埠 4 | 模擬交通燈號 |
| 板載 LED 燈 | 板載 | 模擬行人過路燈號 |
| 板載按鈕 | 板載 | 模擬過路輔助器 |

▲「創客平台」擴展

使用外置的 LED 燈需要增加「延伸集」中「創客平台」的擴展，並使用當中的積木。

### 程式設計

首先，我們會新增兩個變數，把「行車倒數時間」設置成 20 及「行人過路倒數時間」設置成 10。然後將 LED 燈設成紅色燈號，並不停重複運行「車輛行駛」及「行人過路」兩個程序。一開始時，把交通燈號及行人過路燈號都設置成紅色，是因為紅色能讓車輛及行人都停下來，萬一在程式開始運行時發生錯誤，都不會造成意外。

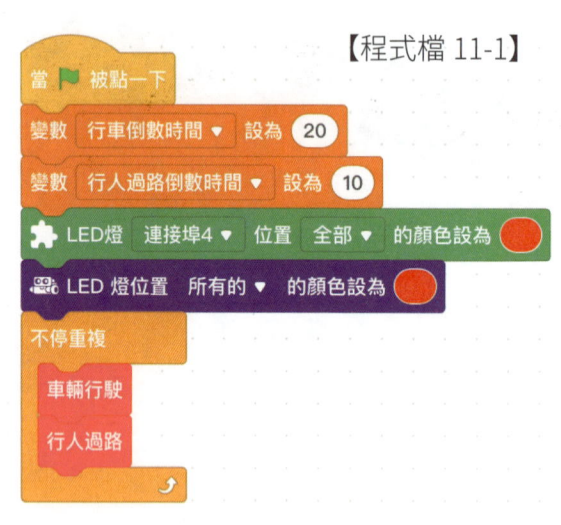

【程式檔 11-1】

▲ 新增及設置變數

「車輛行駛」模擬了交通燈的燈號，按照剩餘時間顯示綠燈，之後轉換成黃燈及紅燈，最後重設「行車倒數時間」。倒數時，刻意將倒數時間縮小，是為了讓按下過路輔助器後，能盡快讓市民過路，不用等候 1 秒才檢查一次，是否已經沒有行車時間了。

▲「車輛行駛」積木內容

「行人過路」模擬了行人過路輔助燈的燈號，按照剩餘時間顯示綠燈，之後轉換成閃爍綠燈，最後顯示紅燈並重設「行人過路倒數時間」。當行人過路時，檢查停車等候時間，如有需要，提早結束行人過路時間。

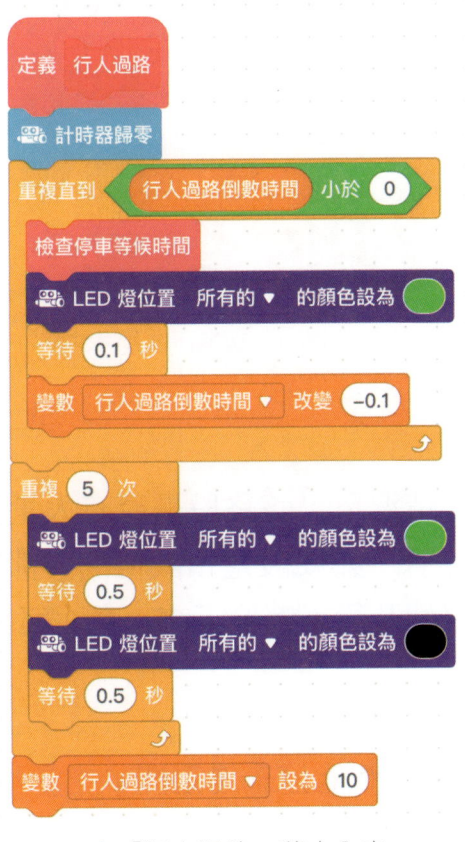

▲「行人過路」積木內容

「檢查停車等候時間」使用了循線感測器，偵測路面上有沒有車輛遮蔽了感測器，如果沒有，則重新記錄「車輛開始等候時間」；如果發現車輛，而且車輛已經遮蔽了感測器超過 5 秒，代表車輛已經等候超過 5 秒了，那就讓行人過路時間提早結束。

▲「檢查停車等候時間」積木內容

最後，當按下板載按鈕時，「行車倒數時間」會減少 5 秒，而「行人過路倒數時間」則會即時增加 5 秒。

▲「過路輔助器被按下」積木內容

### 備　註

設計時我們要考慮實際情況下，該路段是否有大量行人或車輛經過，而合理地調節倒數時間。亦應該注意，如要設定預設情況，都應該把交通燈號及行人過路燈號都設置成紅色，讓車輛及行人都停下來，免生意外。

### 挑戰題

1. 試參考 11-1 的範例，完成「智能停車場閘門」：
    a. 使用「伺服馬達」控制停車場閘門。
    b. 當車子停在閘機前，交通燈亮起紅燈，並等候板載按鈕按下。
    c. 當板載按鈕按下後，交通燈轉為亮起綠燈，並打開停車場閘機。
    d. 當車子完全離開等候區後，交通燈轉為亮起紅燈，並關閉停車場閘機。

# 11-2 呼吸燈

## STEM 評級

| Science 科學 | Technology 科技 | Engineering 工程 | Mathematics 數學 |
|---|---|---|---|
| ★★☆☆☆ | ★★☆☆☆ | ★☆☆☆☆ | ★★★☆☆ |

## 背景資料

在一般情況下，正常成年人的心率是每分鐘 60 至 100 次，而年輕人一般都是每分鐘 60 至 70 次左右。呼吸在安靜時約為每分鐘 16 至 20 次，所以呼吸和脈搏的心跳比例一般為 1：4。

量脈搏的方法有很多，其中常用的方法會用食指和中指按壓在脖子側邊或手腕內側感覺脈搏，使用有秒針的鐘表或計時器，記錄每分鐘的脈搏率。一般我們會量度 15 秒，然後把結果乘以 4。同時，15 秒的脈搏率亦等於一分鐘的呼吸率。

## 專案簡介

呼吸燈就是要模擬人呼吸的情況，燈光由暗至亮，再由亮至暗。一個正常成年人每分鐘有大概 20 次呼吸，即每次呼吸約需 3 秒，從暗到亮約需 1.5 秒，再由亮到暗也需 1.5 秒，每次 LED 變化共會有 256 次，換算起來大約 0.006 秒就會改變一次亮度。

## 模組使用

| 使用的感測器 | 連接埠 | 用處 |
|---|---|---|
| LED 燈 | 板載 | 模擬呼吸率 |

## 程式設計

首先，我們會新增兩個變數，把「LED 亮度」設置成 0 及「呼吸頻率」設置成 20。由於亮度會改變 256 次，我們讓 LED 重複 256 次增加亮度，並等候 0.006 秒，完成增加亮度後，就會讓 LED 重複 256 次減少亮度，然後重復執行這個程序。

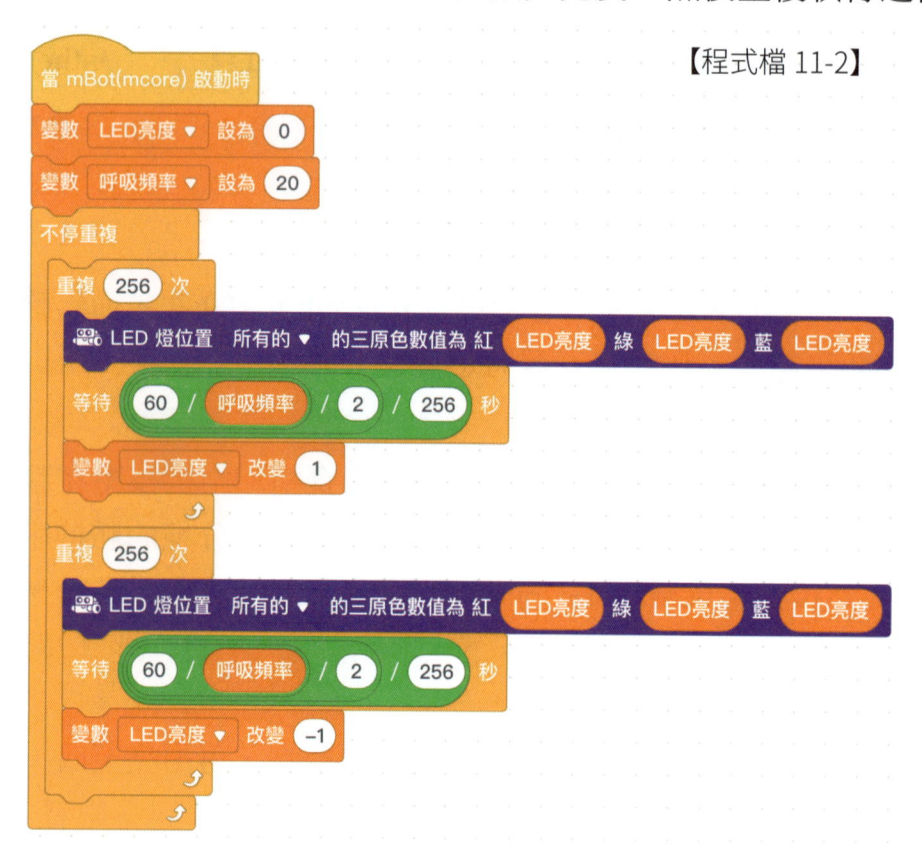

【程式檔 11-2】

```
當 mBot(mcore) 啟動時
變數 LED亮度 ▼ 設為 0
變數 呼吸頻率 ▼ 設為 20
不停重複
    重複 256 次
        LED 燈位置 所有的 ▼ 的三原色數值為 紅 LED亮度 綠 LED亮度 藍 LED亮度
        等待 60 / 呼吸頻率 / 2 / 256 秒
        變數 LED亮度 ▼ 改變 1
    重複 256 次
        LED 燈位置 所有的 ▼ 的三原色數值為 紅 LED亮度 綠 LED亮度 藍 LED亮度
        等待 60 / 呼吸頻率 / 2 / 256 秒
        變數 LED亮度 ▼ 改變 −1
```

▲「呼吸燈」積木內容

## 11-3 安全警告單車套裝

### STEM 評級

| Science 科學 | Technology 科技 | Engineering 工程 | Mathematics 數學 |
|---|---|---|---|
| ★★★☆☆ | ★★★☆☆ | ★★★★☆ | ★★★☆☆ |

### 背景資料

安全理由下，我們在騎腳踏車時不像騎機車，在急剎時亮起紅燈、轉換方向時在相關方向亮起閃爍黃燈，或是發生問題時亮起危險警告燈。但如果在腳踏車上安裝燈號裝置及速度顯示螢幕，令騎腳踏車時也能像騎機車一樣。

### 專案簡介

專案中，由於 mCore 的連接埠數量有限，因此我們只使用了一組 LED 燈來模擬機車車尾的燈號。另外使用了循線感測器用作偵測車輛速度，把循線感測器固定在腳踏車上，把黑色膠帶貼在車輪上，每當車輪轉動一圈，循線感測器感測到黑色膠帶，並配合車輪大小及一圈時間計算出車速，顯示在數字板上。當車速突然驟減，LED 燈就會亮起紅燈。而當按下左方的按鈕時，會閃爍向左的黃燈；當按下右方的按鈕時，會閃爍向右的黃燈；最後，當按下下方的按鈕時，會閃爍危險警告燈的黃燈。

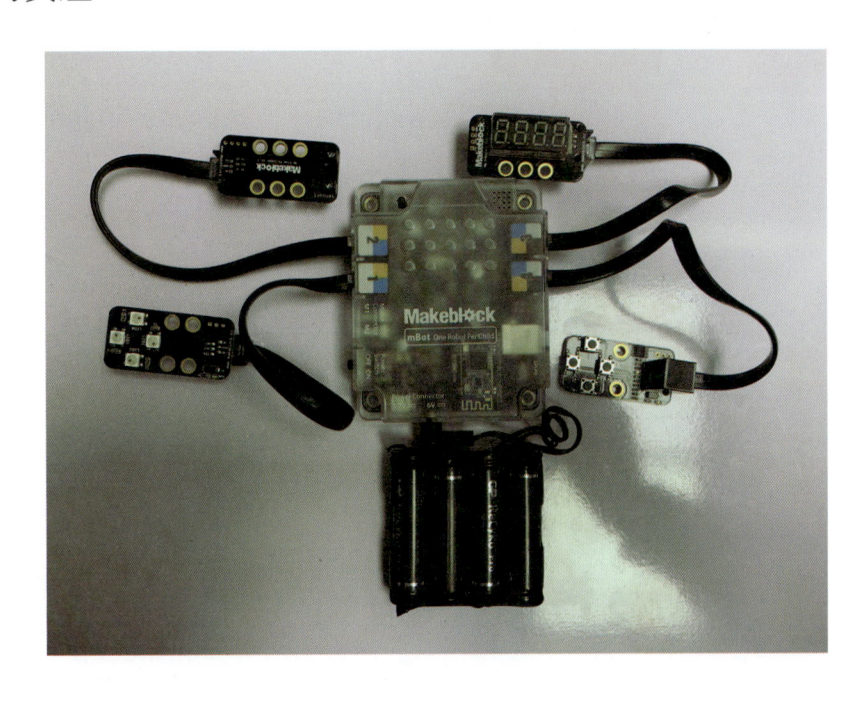

## 模組使用

| 使用的感測器 | 連接埠 | 用處 |
| --- | --- | --- |
| LED 燈 | 連接埠 1 | 模擬燈號 |
| 循線感測器 | 連接埠 2 | 偵測車速 |
| 數字板 | 連接埠 3 | 顯示車速 |
| 四按鍵 | 連接埠 4 | 控制燈號 |

## 程式設計

首先，我們會新增三個變數，「現時車速」記錄腳踏車的現時車速、「上一次車速」記錄腳踏車的上一次車速和「燈號狀態」記錄按鍵的輸入。假設我們使用的是一輛 20 英寸的腳踏車，代表車輪的直徑是 20 英寸，亦即是大約 50 公分。根據圓周公式：

$$圓周 = 直徑 \times \pi$$

所以，車輪的圓周大約就是 157 公分。之後，腳踏車的速率就是（公分 / 秒）：

$$腳踏車的速度 = 車輪的圓周 \div 轉一圈的時間$$

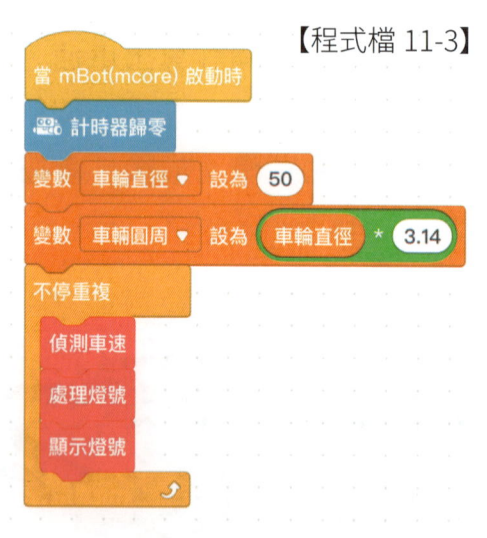

【程式檔 11-3】

▲「計算圓周」積木內容

在不停重複的第一步，我們先用循線感測器找出腳踏車的車速，同時，我們會把現時的車速記錄到「上一次車速」，再對「現時車速」進行更新，其後重置計時器重新計算。由於程式限制，車速會每 3 秒更新一次。

▲「偵測車速」積木內容

在偵測速度後，我們會處理燈號。第一種是急剎燈號，當車速突然減少，「上一次車速」比「現時車速」大的時候，LED 燈就會亮起紅燈。首先處理是因為急剎燈號的重要性比較高。其次，我們會因應按鍵而設定「燈號狀態」。

▲「處理燈號」積木內容

最後，我們根據「燈號狀態」顯示燈號，如「燈號狀態」沒有狀態，則會關上 LED 燈。

▲「顯示燈號」積木內容

## 11-4 循線音樂盒

### STEM 評級

| Science 科學 | Technology 科技 | Engineering 工程 | Mathematics 數學 |
|---|---|---|---|
| ★★★★☆ | ★★★☆☆ | ★★★☆☆ | ★★★☆☆ |

### 背景資料

音樂盒是由發條、音梳、金屬圓筒及外盒等四個部分組成的一種自動發出聲音並演奏音樂的簡單機械：

1. 發條是音樂盒機芯的動力來源，先從外部上鏈，然後帶動大小不同的齒輪，使金屬圓筒旋轉。

2. 音梳的外形就像梳子一樣，由長短厚薄不一的鋼製簧片組成，因為鋼製簧片的長短影響與空氣振動的多少，令聲音的高低不同，因而被做成不同的音階，較長的發出高音，較短的發出低音。

3. 金屬圓筒上有一點點突起的小點，當發條上鏈之後就會不停轉動，當像音梳碰到突起的小點時，就會敲出聲音。由於金屬圓筒設計成圓形滾筒狀，所以樂曲就會不停重複播放，直至發條停止轉動。

4. 而音樂盒的外盒就像一個共鳴箱，當金屬圓筒上的小點碰到音梳時就會產生空氣及周邊物件的震動，音色亦會因被震動的物件不同而有分別，所以不同大小的盒或不同物料的外盒，所產生的音色都會有差異。另外，外盒的大小都會影響到樂曲的長短和音域的廣窄。

### 專案簡介

循線音樂盒在設計上，有兩款音梳設計及兩款金屬圓筒設計，共有 4 個組合：

◆ **音梳設計：**

1. 使用了多個循線感測器或 RGB 循線感測器，模仿音梳的功能，當循線感測器偵測到黑線時，就會播出相對的聲音。一組循線感測器有兩個偵測的裝置，可以播放 2 個不同的音階，而 RGB 循線感測器則有四個偵測的裝置，可以播放 4 個不同的音階。一輛 mBot 機器人最多可以連接 4 個循線感測器，即是使用

循線感測器時可以播放 8 個音階,而使用 RGB 循線感測器時就可以播放 16 個音階了。

2. 另一款設計運用了二進制的原理,令原來一個循線感測器只可以播放兩個不同的音階,變成可以播放 4 個音階,如果安裝兩個,可以播放 16 個音階,如果安裝四個,更可以播放 256 個音階。十進制是逢十進一,而二進制就是逢二進一,所以數字只有 0 和 1。

| 二進制 | 十進制 | 音階 |
| --- | --- | --- |
| 0000 | 0 | 休止符 |
| 0001 | 1 | F3 |
| 0010 | 2 | G3 |
| 0011 | 3 | A3 |
| 0100 | 4 | B3 |
| 0101 | 5 | C4 |
| 0110 | 6 | D4 |
| 0111 | 7 | E4 |

| 二進制 | 十進制 | 音階 |
| --- | --- | --- |
| 1000 | 8 | F4 |
| 1001 | 9 | G4 |
| 1010 | 10 | A4 |
| 1011 | 11 | B4 |
| 1100 | 12 | C5 |
| 1101 | 13 | D5 |
| 1110 | 14 | E5 |
| 1111 | 15 | F5 |

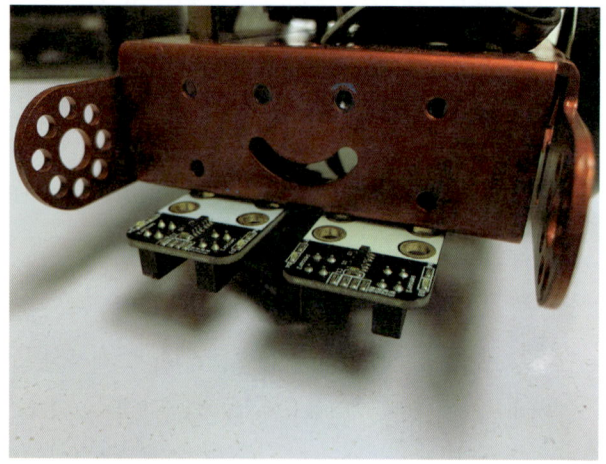

### ◆ 金屬圓筒設計：

1. 基於 mBot 機器人有些時候是一輛車子，我們可以讓它走前線，當走過黑線時，播放對應的聲音。這個方法相對簡單，但是音樂只能播放一次，不然我們的黑線樂譜需要很長。

2. 另一個方法，是固定循線感測器，然後把黑線樂譜貼在車輪上，當然車輪需要跟 mBot 機器人的車身分開才能做到。這個方法需要一點組裝技巧，但能令音樂不斷播放。

在這次的專案中，我們選用了兩個循線感測器，以 mBot 機器人直走的方式，播放 16 個音階。

| 循線感測器 1 | 循線感測器 2 | 音階 |
| --- | --- | --- |
| 0 | 0 | 休止符 |
| 0 | 1 | F3 |
| 0 | 2 | G3 |
| 0 | 3 | A3 |
| 1 | 0 | B3 |
| 1 | 1 | C4 |
| 1 | 2 | D4 |
| 1 | 3 | E4 |

| 循線感測器 1 | 循線感測器 2 | 音階 |
| --- | --- | --- |
| 2 | 0 | F4 |
| 2 | 1 | G4 |
| 2 | 2 | A4 |
| 2 | 3 | B4 |
| 3 | 0 | C5 |
| 3 | 1 | D5 |
| 3 | 2 | E5 |
| 3 | 3 | F5 |

### 模組使用

| 使用的感測器 | 連接埠 | 用處 |
| --- | --- | --- |
| 循線感測器 1 | 連接埠 1 | 音梳 1 |
| 循線感測器 2 | 連接埠 2 | 音梳 2 |

## 程式設計

程式編寫並不複雜，只是有很多「如果…否則…」的分支，播放時間設定為最短的「八分之一拍」，行車或轉動速度及琴譜的長度需要互相配合，才可以播放一個正確的音樂節奏。

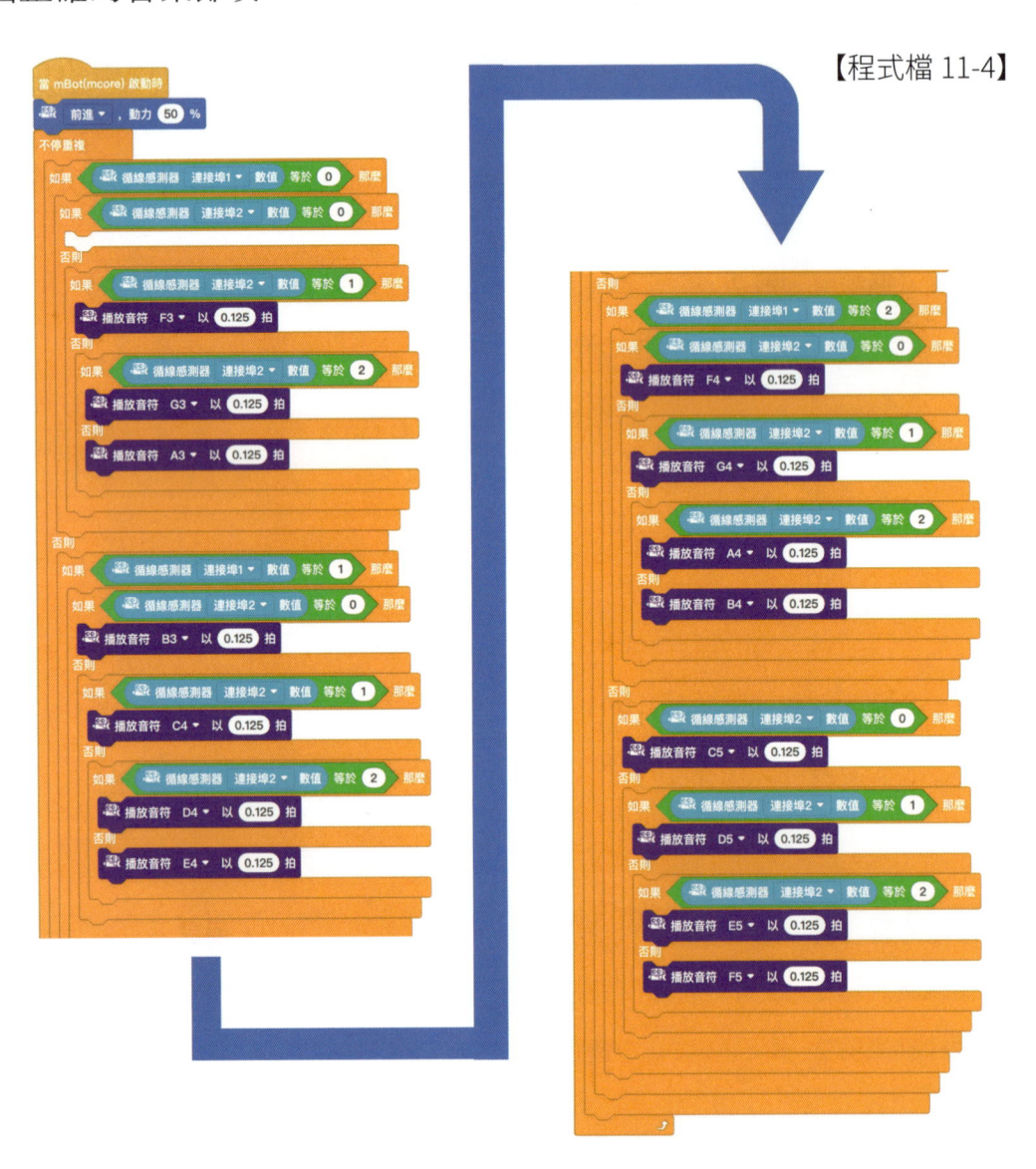

【程式檔 11-4】

▲「循線音樂盒」積木內容

## 挑戰題

1. 試參考 11-4 的範例，完成「超音波音樂盒」：

    a. 在超音波感測器前放置一張琴鍵距離紙。

    b. 當超音波感測器偵測到相對應的距離時，播放相對應的音階。

## 11-5 mBot 水平儀

### STEM 評級

| Science 科學 | Technology 科技 | Engineering 工程 | Mathematics 數學 |
|---|---|---|---|
| ★★☆☆☆ | ★★★☆☆ | ★★★☆☆ | ★★★★☆ |

### 背景資料

水平儀，又被稱作水平尺，是一種用於量度平面是否水平或是否垂直的測量工具，形狀就像尺一樣。

一般工程用，非電子的水平儀最主要的組成部分是兩個著有色酒精的細玻璃管，一個用於量度是否水平，而另一個用於量度是否垂直。每個玻璃管上刻有兩條平行線，管內會有一個氣泡。當物件表面是水平或垂直時，氣泡會保持在兩條線的中間內。由於玻璃管內是酒精，熔點（由液態轉變為固態需要的溫度）十分低，不容易凍結，所以水平儀在寒冷的天氣也可使用。

### 專案簡介

現時，我們很多時候看到有一些運用了手機內的陀螺儀應用的水平儀，這次我們也會使用三軸加速度陀螺儀（3-Axis Accelerometer and Gyro Sensor）配合 mCore 造出一個水平儀。

陀螺儀是一款用於機器人運動檢測及姿態檢測的感測器，三軸加速度陀螺儀能夠在 X、Y、Z 軸測量加速度的變化，通過感知特定方向的慣性力總量，可以測量重力（g），如果感測器靜止而沒有任何動作，地球萬有引力對其施加的力大約為 1g，如果感測器豎直放置，會檢測到 Y 軸上施加的力約為 1g。如果感測器以一定角度放置，會檢測到 1g 的力會分佈在不同的軸上。

當感測器在三維空間中運動或振動時，三軸加速度陀螺儀會在一個或多個軸上檢測到大於 1g 的力並測量出加速度。因此，三軸加速度陀螺儀會檢測到 X、Y、Z 軸的角速度變化量，從而知道各軸的角度。

另外，我們使用了表情面板作顯示，表情面板上有 16 欄、8 列的藍色 LED，當正中間的藍色 LED 亮起時，代表物體平面處於水平狀態。

安裝陀螺儀時需要注意水平，以減少量度時出現的誤差。另外，組裝時也需注意陀螺儀的方向，箭頭指向的方向是代表該座標數值的減少。

▲ 陀螺儀的方向

再一次我們使用比例，將陀螺儀的角度轉換成表情面板的座標：

|  | X 軸 | Y 軸 |
| --- | --- | --- |
| 陀螺儀 | –90~90 | –90~90 |
| 表情面板 | 0~15 | 0~7 |

## 模組使用

| 使用的感測器 | 連接埠 | 用處 |
| --- | --- | --- |
| 陀螺儀 | 連接埠 4 | 偵測平面角度 |
| 表情面板 | 連接埠 1 | 顯示角度 |

## 程式設計

【程式檔 11-5】

```
變數 表情面板寬 ▼ 設為 15
變數 表情面板寬中間點 ▼ 設為 將 表情面板寬 / 2 四捨五入
變數 表面面板X軸 ▼ 設為 表情面板寬中間點 / 90 * 陀螺儀 x▼ 軸 角度 + 表情面板寬中間點
```

▲ 陀螺儀及表情面板的 X 軸換算

```
變數 表情面板高 ▼ 設為 7
變數 表情面板高中間點 ▼ 設為 將 表情面板高 / 2 四捨五入
變數 表情面板Y軸 ▼ 設為 表情面板高中間點 / 90 * 陀螺儀 y▼ 軸 角度 + 表情面板高中間點
```

▲ 陀螺儀及表情面板的 Y 軸換算

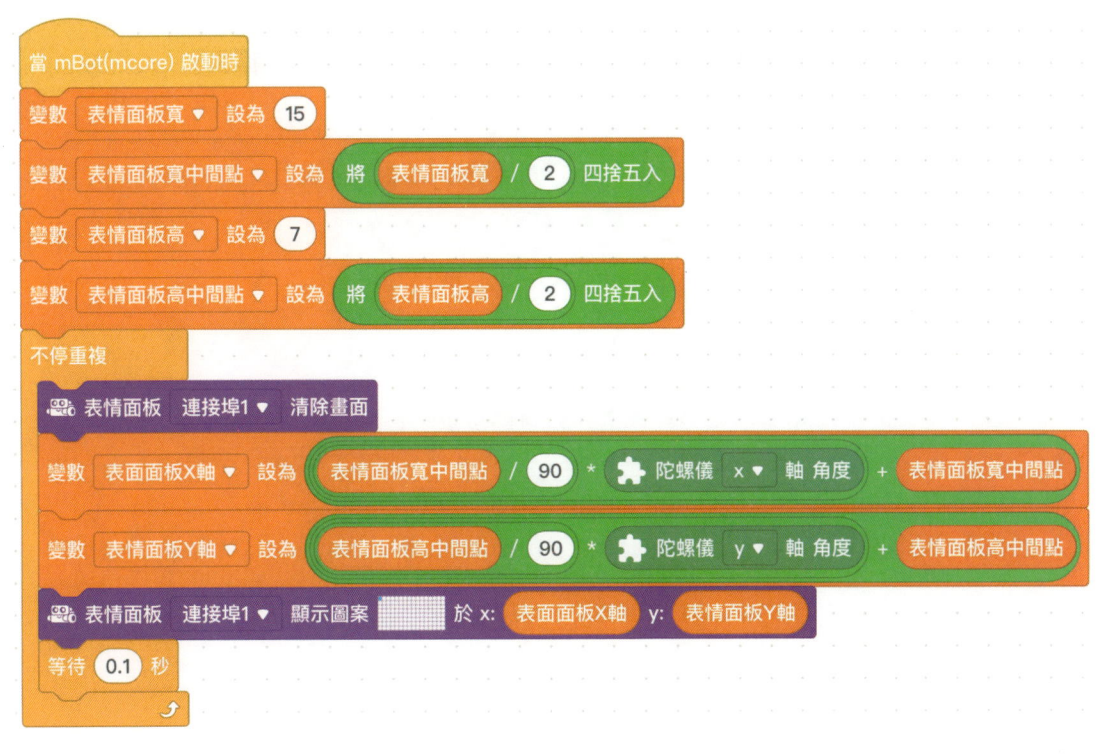

```
當 mBot(mcore) 啟動時
變數 表情面板寬 ▼ 設為 15
變數 表情面板寬中間點 ▼ 設為 將 表情面板寬 / 2 四捨五入
變數 表情面板高 ▼ 設為 7
變數 表情面板高中間點 ▼ 設為 將 表情面板高 / 2 四捨五入
不停重複
    表情面板 連接埠1 ▼ 清除畫面
    變數 表面面板X軸 ▼ 設為 表情面板寬中間點 / 90 * 陀螺儀 x▼ 軸 角度 + 表情面板寬中間點
    變數 表情面板Y軸 ▼ 設為 表情面板高中間點 / 90 * 陀螺儀 y▼ 軸 角度 + 表情面板高中間點
    表情面板 連接埠1 ▼ 顯示圖案 [圖案] 於 x: 表面面板X軸 y: 表情面板Y軸
    等待 0.1 秒
```

▲「mBot 水平儀」積木內容

## 11-6 水溫指標屏

### STEM 評級

| Science 科學 | Technology 科技 | Engineering 工程 | Mathematics 數學 |
|---|---|---|---|
| ★★★☆☆ | ★★★☆☆ | ★★★☆☆ | ★★★☆☆ |

### 背景資料

　　我的學生在學完電的相關課題後，需要設計一個能解決日常生活的裝置。縱然大部份的設計都未能成功，但不少的設計都令我十分驚嘆，畢竟他們不是從小就被訓練創意思維。

　　其中一組的設計令我印象深刻，他們的設計原文是：「有時開了煤氣爐（瓦斯）後，洗手盆的水喉（水龍頭）會發熱，所以我們想做一個發光器。當水喉（水龍頭）擰得太過時（太熱），就會開紅燈；當太凍時就會亮綠燈。」

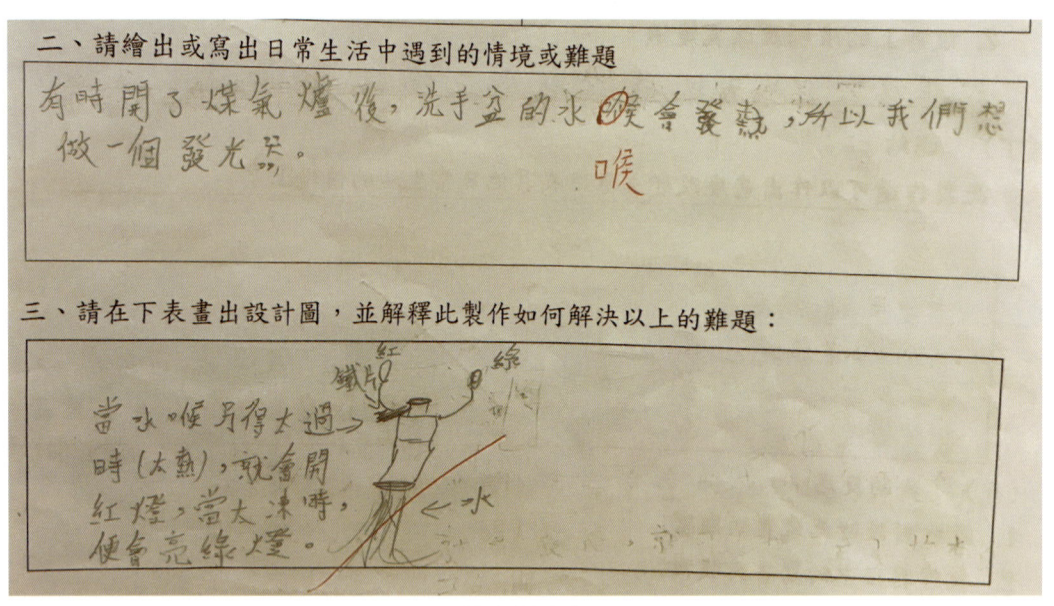

▲ 學生創意作品

　　當時我看到覺得非常有趣，但由於硬體的配套不足，而未能成功，實在可惜。但我認為 Makeblock 正好可以作為一個平台，讓學生完成他們的設計。因此，我仿效了這個設計，將設計放在 mBot 機器人上實體化。

## 專案簡介

設計以簡單為主，模組只用上了數字板和防水溫度感測器。程式設計亦十分簡單，只是將水溫顯示在數字板上，然後根據水溫顯示轉換 LED 燈的顏色，溫度越高越紅，越低越藍。

當然將這個設計延伸下去，其實可以做到很多事情，我舉出其中兩個例子：

◆ 按照當時天氣的溫度，調校出適合的洗手溫度；夏天出冷水，冬天出熱水

◆ 加入可控制的功能，讓使用者可以調整想要的水溫，確保嬰孩在洗澡時保持在合適溫度。

▲ 水溫指標屏

## 模組使用

| 使用的感測器 | 連接埠 | 用處 |
| --- | --- | --- |
| 數字板 | 連接埠 2 | 顯示溫度 |
| 防水溫度感測器 | RJ25 連接器 插座 1 | 偵測溫度 |
| RJ25 適配器 | 連接埠 3 | 連接防水溫度感測器 |
| LED 燈 | 板載 | 溫度識別燈 |

147

## 程式設計

【程式檔 11-6】

▲「水溫指標屏」積木內容

# Chapter 11　實作題

### 題目名稱：mBot 單車方向燈

**40** mins

題目說明：試參考 11-3 及 11-5 的範例，使用「LED 燈」完成「單車方向燈」：
當「陀螺儀」向不同方向傾斜時，亮起不同的指示燈。

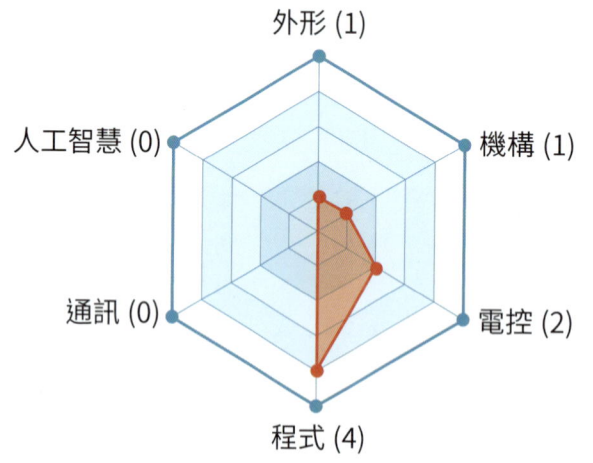

外形 (1)
人工智慧 (0)
機構 (1)
通訊 (0)
電控 (2)
程式 (4)

創客題目編號：A005046

· 創客指標 ·

| 外形 | 1 |
|---|---|
| 機構 | 1 |
| 電控 | 2 |
| 程式 | 4 |
| 通訊 | 0 |
| 人工智慧 | 0 |
| 創客總數 | 8 |

# Chapter 12

# mBlock 5 的擴展功能

12-1 人工智能
12-2 數據收集
12-3 天氣資訊

mBlock 5 除了可以使用 mBot 機器人進行創客活動外，mBlock 5 本身就有很多擴展功能可以做到「人工智能」、「深度學習」、「物聯網」等功能。

這樣的有很多不同的延伸功能可以使用，但必須登入 mBlock 帳戶才可以開始使用。

▲ mBlock 5 的延伸功能

## 12-1 人工智能

### 12-1.1 認知服務

mBlock 5 的認知服務 API 能讓使用者添加人工智能功能，例如影像、語音、文字等的辨識。

▲ 多國語言的語音識別積木

▲ 中英文印刷字辨識積木

▲ 年齡辨識積木

▲ 情緒辨識積木

▲ 性別辨識積木

▲ 眼鏡辨識積木

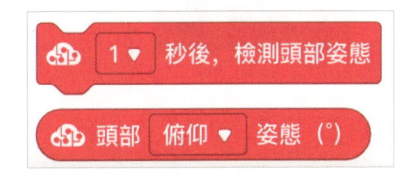

▲ 頭部姿勢辨識積木

> 程式範例

程式開始後,每 2 秒進行一次台灣普通話的語音辨識,並把語音識別結果在角色中展示出來。

【程式檔 12-1】

▲ 語音辨識範例

## 12-1.2　機器深度學習

機器深度學習能借助機器自行學習,使用者就可以不用為機器寫程式,取而代之的是,使用者可以訓練電腦學習東西,建立類似人類大腦的人造神經網絡。

使用機器深度學習前,要先讓機器建立模型,掌握不同的知識基礎。

▲ 建立機器深度學習模型

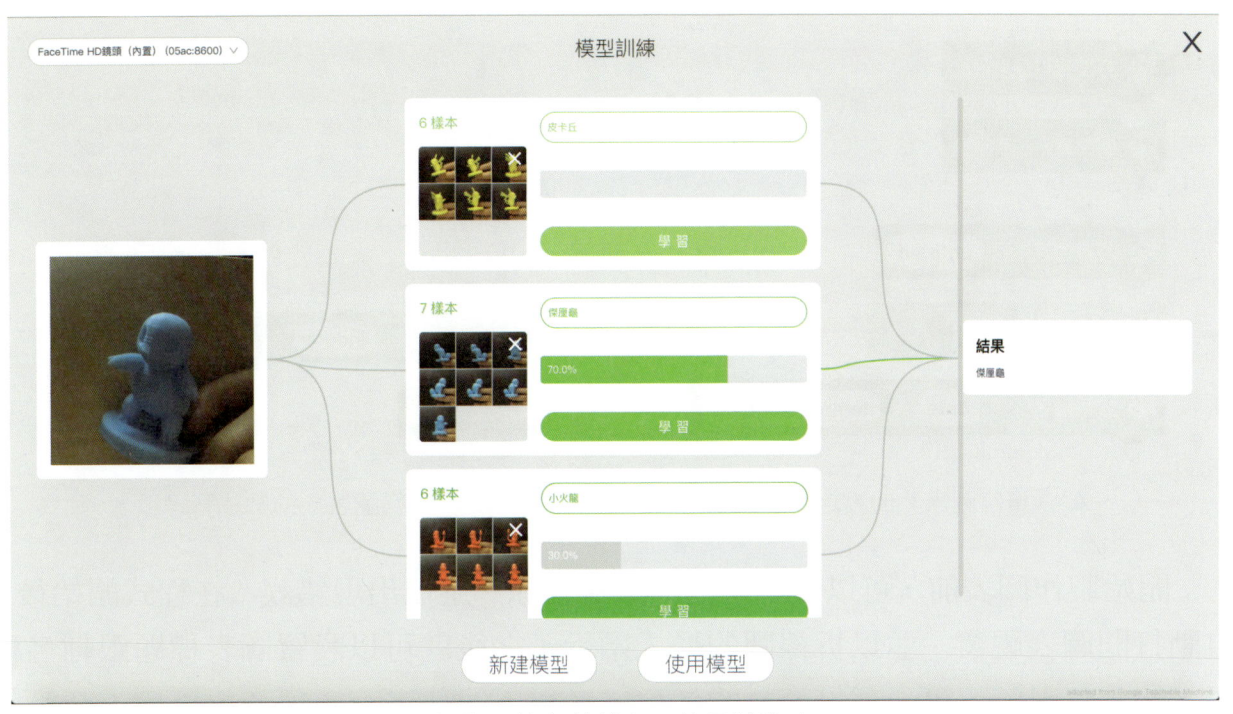

▲ 學習的次數越多，結果越準確

學習完成後，就可以使用模型，取得不同的積木，開始程式設計了。

▲ 機器深度學習積木

## 12-2 數據收集

mBlock 5 也提供數據收集的延伸功能，可以收集數據後，製作資料表或統計圖。

### 12-2.1 資料圖表

資料圖表是 mBlock 5 內建的數據收集的功能，能直接在 mBlock 5 中建立一個圖表，並將數據以折線圖或橫條圖顯示。

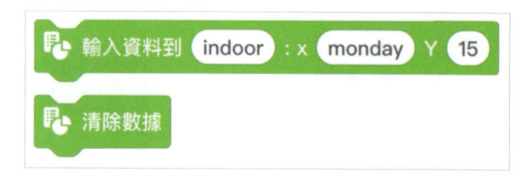

▲「資料圖表」的設定積木　　　▲「資料圖表」的數據管理積木

開始製作圖表前，可以先將之前的數據清除，避免出現錯誤。在程式開始後，自動打開圖表視窗，並以折線圖的形式顯示，之後就可以設置圖表標題跟軸名稱了。輸入資料時，第一項是資料的名稱，名稱不同代表有多項資料；第二及第三項是代表在 x 位置的 y 數值是多少。

【程式檔 12-2.1】

▲ 圖表設定及輸入資料範例

當程式開始後，會根據設置要求，打開圖表視窗。期間我們可以自由在「折線圖」、「橫條圖」及「資料表」之間轉換顯示。我們也可以點選「download」把圖表下載成圖檔儲存。

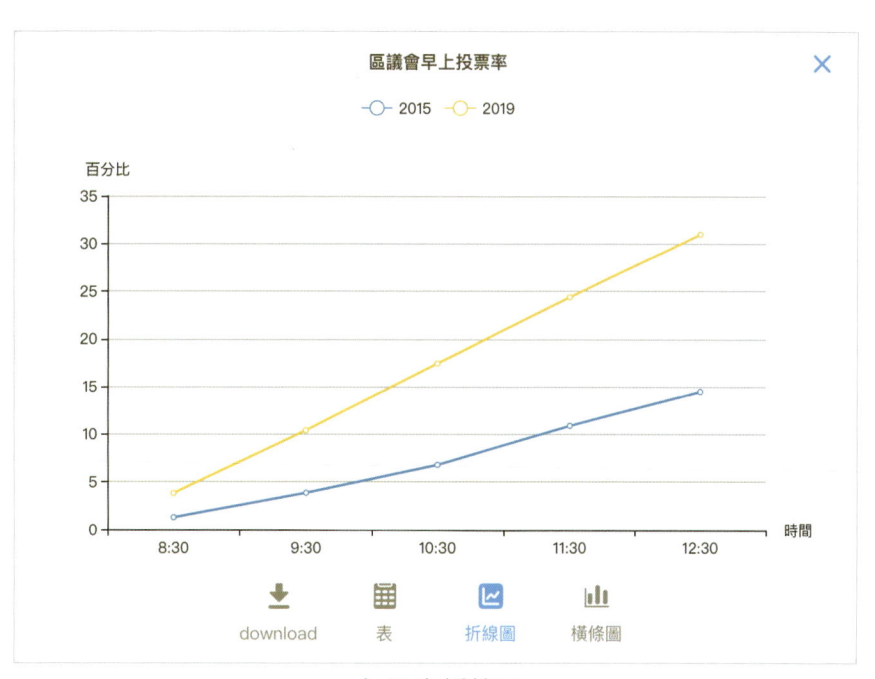

▲ 圖表折線圖

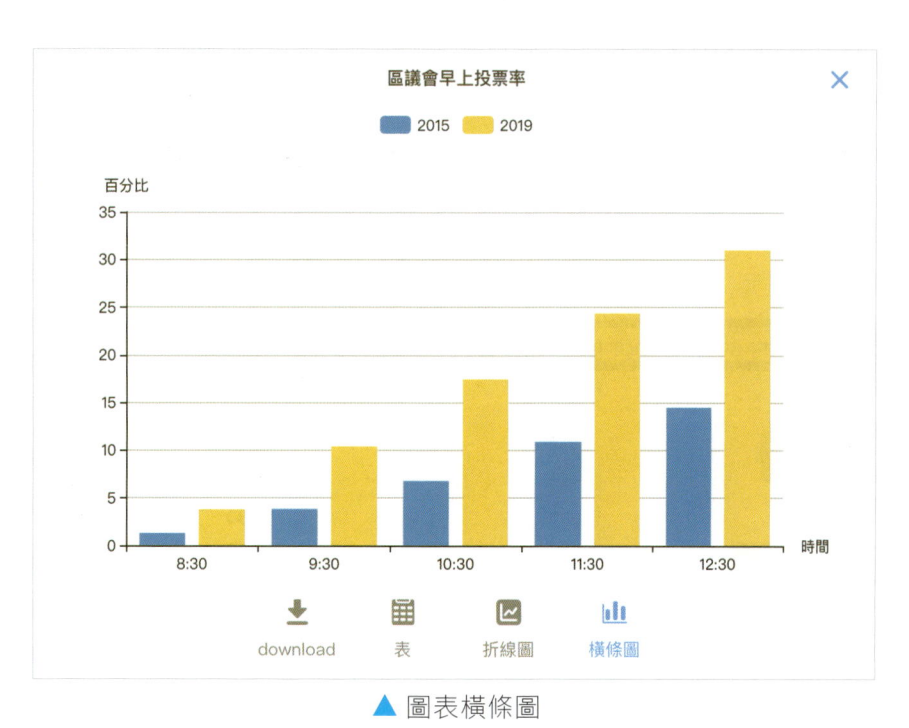

▲ 圖表橫條圖

▲ 圖表資料

## 12-2.2　Google 表格

　　相對於資料圖表，Google 表格的使用方法則比較簡單，但使用前需要已經有一個 Google 雲端硬碟的試算表，並獲得它的共用連結。那就可以從 Google 試算表中讀取單元格內容或寫入數據。

▲ 「Google 表格」積木　　　　　　　　▲ 先準備一個 Google 試算表

▲ 共用 Google 試算表連結，並把權限設定為「可以編輯」

複製 Google 試算表連結後，把它放到對應的積木中，就可以從 Google 試算表中讀取單元格內容或寫入數據到單元格。其中，「列」是平常的欄（Column），即是英文字母一類；而「行」才是平常的列（Row），即是數字一類。

【程式檔 12-2.2】

▲ Google 表格程式範例

當程式開始運行，並成功連結 Google 工作表後，會出現「已連接到 Google 工作表」。

▲ 程式範例結果

▲ 運行程式後的 Google 試算表

## 12-3 天氣資訊

除以上提及的，mBlock 5 還有不同類型的擴展功能，其中「天氣資訊」可以取得不同城市的天氣資料。

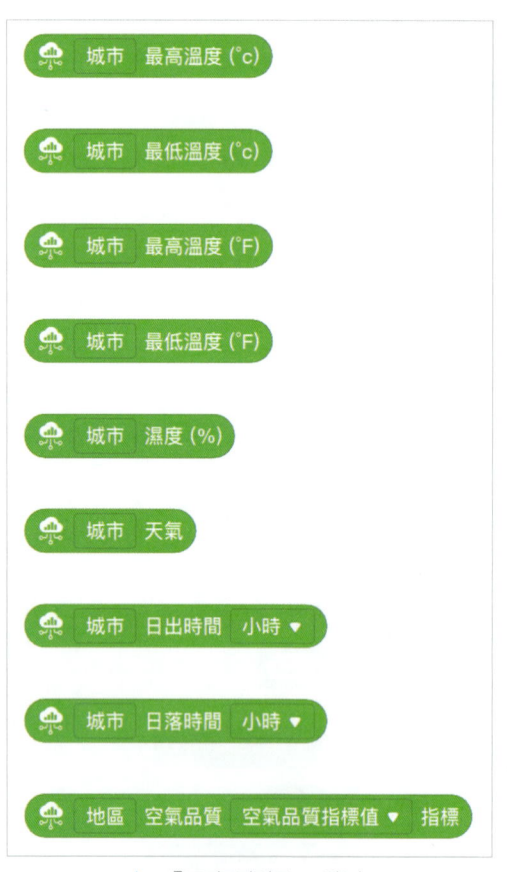

▲「天氣資訊」積木

選擇城市時，可以用英文關鍵字搜尋城市或地點。

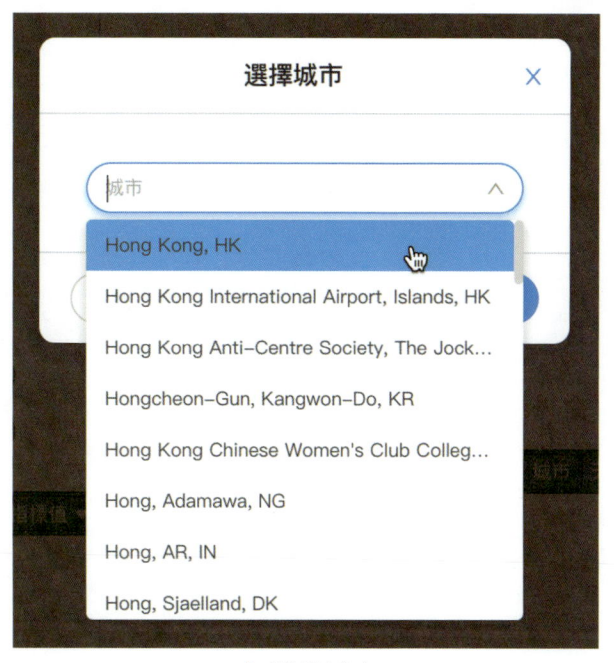

▲ 選擇城市

▲ 程式範例及結果

# notes

# Appendix
# 附　錄

挑戰題、實作題 參考答案

## 第 4 章
### 實作題

【程式檔 MLC4】

當 mBot(mcore) 啟動時
變數 每度轉動時間 ▼ 設為 1 / 340
變數 邊的數量 ▼ 設為 5
變數 內角總和 ▼ 設為 180 * 邊的數量 - 2
變數 內角角度 ▼ 設為 內角總和 / 邊的數量
重複 邊的數量 次
　前進, 動力 50 %, 持續 1 秒
　左轉 180 - 內角角度

> 轉動外角角度，才能走出相對的形狀

定義 左轉 角度
　左轉, 動力 50 %, 持續 每度轉動時間 * 角度 秒

## 第 5 章
### 挑戰題

【程式檔 S5-4.1】

當 ▶ 被點一下
LED 燈位置 所有的 ▼ 的三原色數值為 紅 255 綠 0 藍 0

【程式檔 S5-4.2a】

當 ▶ 被點一下
LED 燈位置 所有的 ▼ 的顏色設為 ● 持續 1 秒
LED 燈位置 所有的 ▼ 的顏色設為 ● 持續 1 秒
LED 燈位置 所有的 ▼ 的顏色設為 ● 持續 1 秒

【程式檔 S5-4.2b】

當 ▶ 被點一下
不停重複
　LED 燈位置 所有的 ▼ 的顏色設為 ● 持續 2 秒
　LED 燈位置 所有的 ▼ 的顏色設為 ● 持續 2 秒
　LED 燈位置 所有的 ▼ 的顏色設為 ● 持續 2 秒

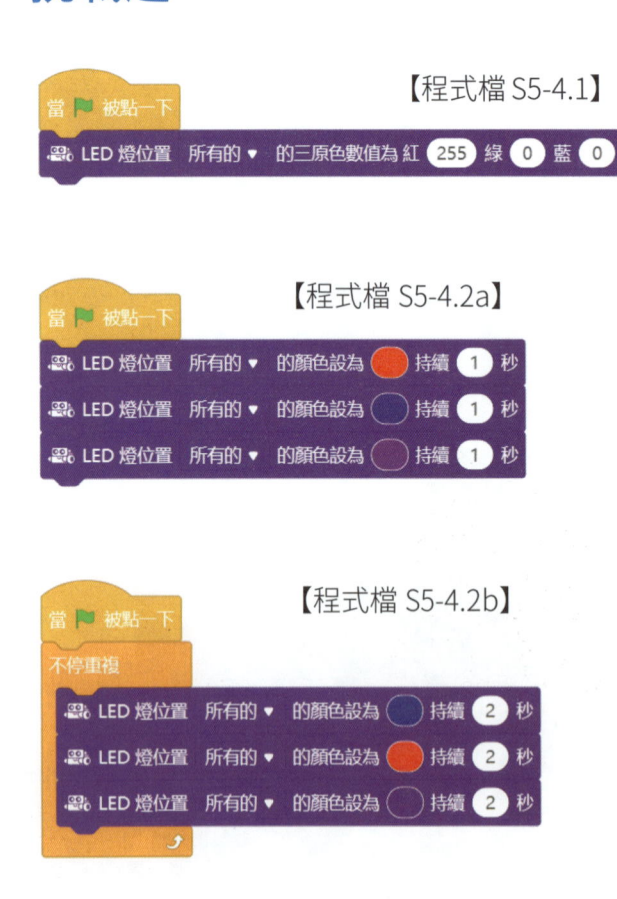

| 紅 (R) | 綠 (G) | 藍 (B) | 顏色 |
|---|---|---|---|
| 255 | 255 | 255 | 白色（White）<br>#FFFFFF<br>(255,255,255) |
| 255 | 255 | 0 | 黃色（Yellow）<br>#FFFF00<br>(255,255,0) |
| 0 | 255 | 255 | 青色（Cyan）<br>#00FFFF<br>(0,255,255) |
| 255 | 0 | 255 | 洋紅色<br>（Magenta）<br>#FF00FF<br>(255,0,255) |
| 255 | 128 | 237 | 粉紅色（Pink）<br>#FF80ED<br>(255,128,237) |
| 255 | 165 | 0 | 橙色（Orange）<br>#FFA500<br>(255,165,0) |
| 0 | 0 | 0 | 黑色（Black）<br>#000000<br>(0,0,0) |

【程式檔 S5-4.2c】

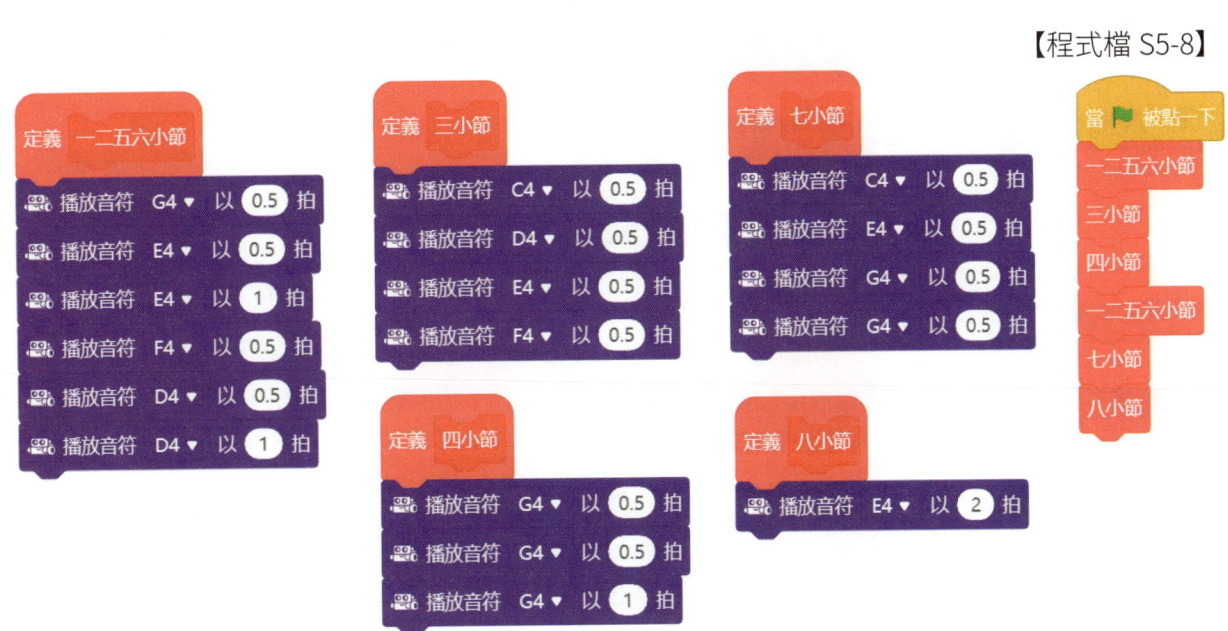

【程式檔 S5-8】

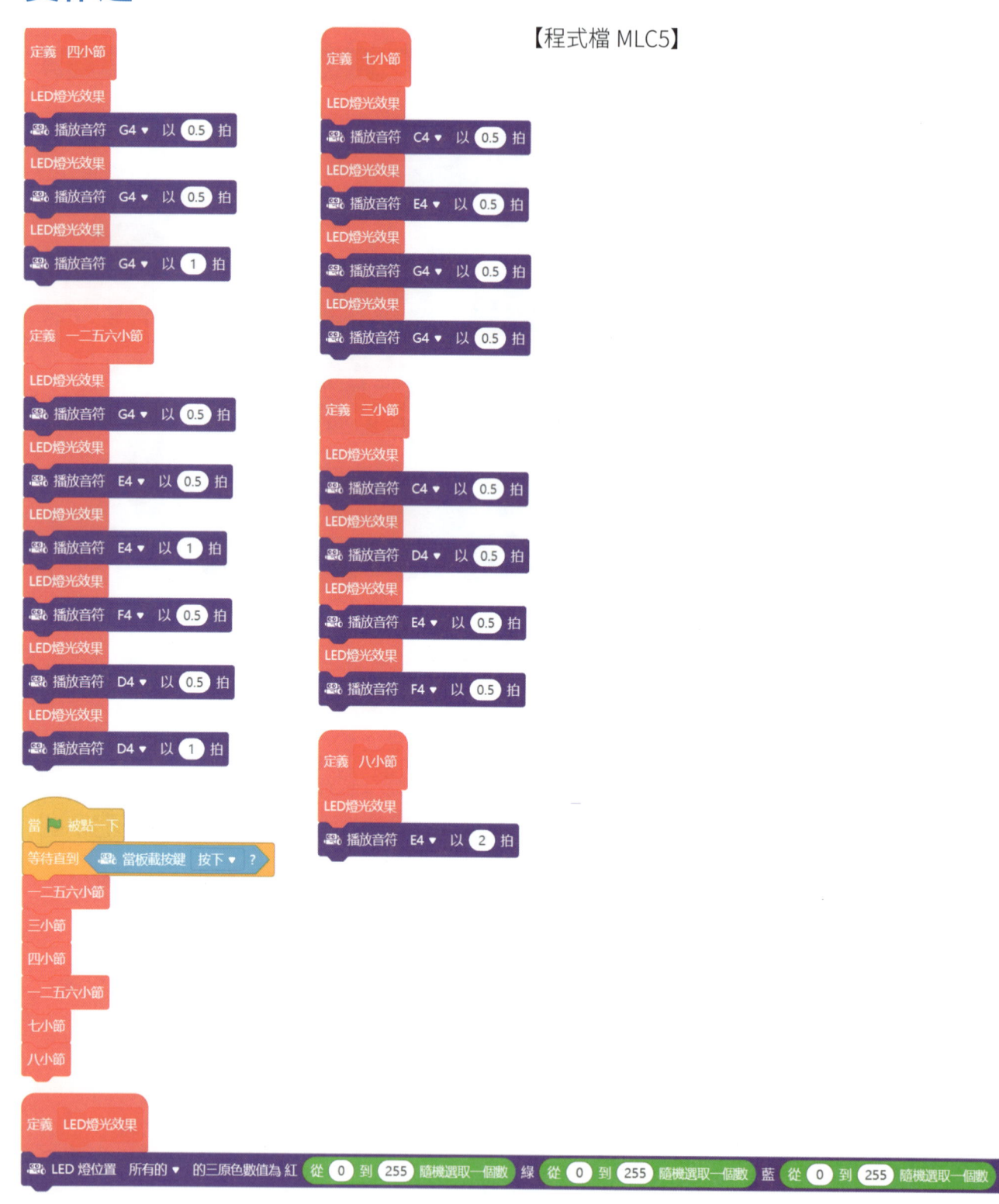

## 實作題

【程式檔 MLC5】

**定義 四小節**
- LED燈光效果
- 播放音符 G4 以 0.5 拍
- LED燈光效果
- 播放音符 G4 以 0.5 拍
- LED燈光效果
- 播放音符 G4 以 1 拍

**定義 一二五六小節**
- LED燈光效果
- 播放音符 G4 以 0.5 拍
- LED燈光效果
- 播放音符 E4 以 0.5 拍
- LED燈光效果
- 播放音符 E4 以 1 拍
- LED燈光效果
- 播放音符 F4 以 0.5 拍
- LED燈光效果
- 播放音符 D4 以 0.5 拍
- LED燈光效果
- 播放音符 D4 以 1 拍

**定義 七小節**
- LED燈光效果
- 播放音符 C4 以 0.5 拍
- LED燈光效果
- 播放音符 E4 以 0.5 拍
- LED燈光效果
- 播放音符 G4 以 0.5 拍
- LED燈光效果
- 播放音符 G4 以 0.5 拍

**定義 三小節**
- LED燈光效果
- 播放音符 C4 以 0.5 拍
- LED燈光效果
- 播放音符 D4 以 0.5 拍
- LED燈光效果
- 播放音符 E4 以 0.5 拍
- LED燈光效果
- 播放音符 F4 以 0.5 拍

**定義 八小節**
- LED燈光效果
- 播放音符 E4 以 2 拍

**當 ▶ 被點一下**
- 等待直到 〈當板載按鍵 按下 ?〉
- 一二五六小節
- 三小節
- 四小節
- 一二五六小節
- 七小節
- 八小節

**定義 LED燈光效果**
- LED 燈位置 所有的 的三原色數值為 紅 從 0 到 255 隨機選取一個數 綠 從 0 到 255 隨機選取一個數 藍 從 0 到 255 隨機選取一個數

# 第 6 章

## 挑戰題

【程式檔 S6-4】

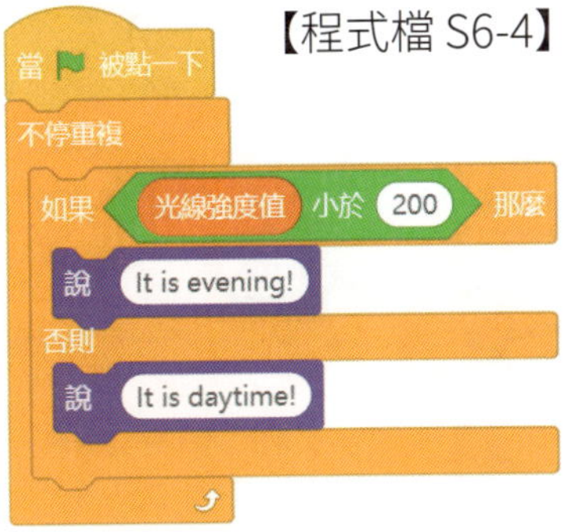

## 實作題

【程式檔 MLC6】

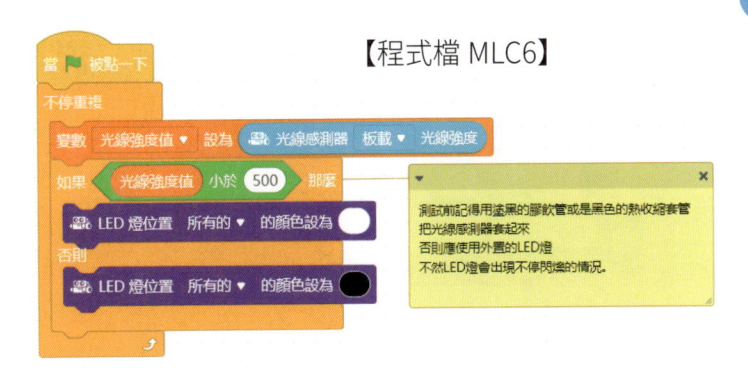

> 測試前記得用塗黑的膠飲管或是黑色的熱收縮套管把光線感測器套起來
> 否則應使用外置的LED燈
> 不然LED燈會出現不停閃爍的情況。

# 第 7 章

## 挑戰題

【程式檔 S7-4】

## 實作題

【程式檔 MLC7a】

【程式檔 MLC7b】

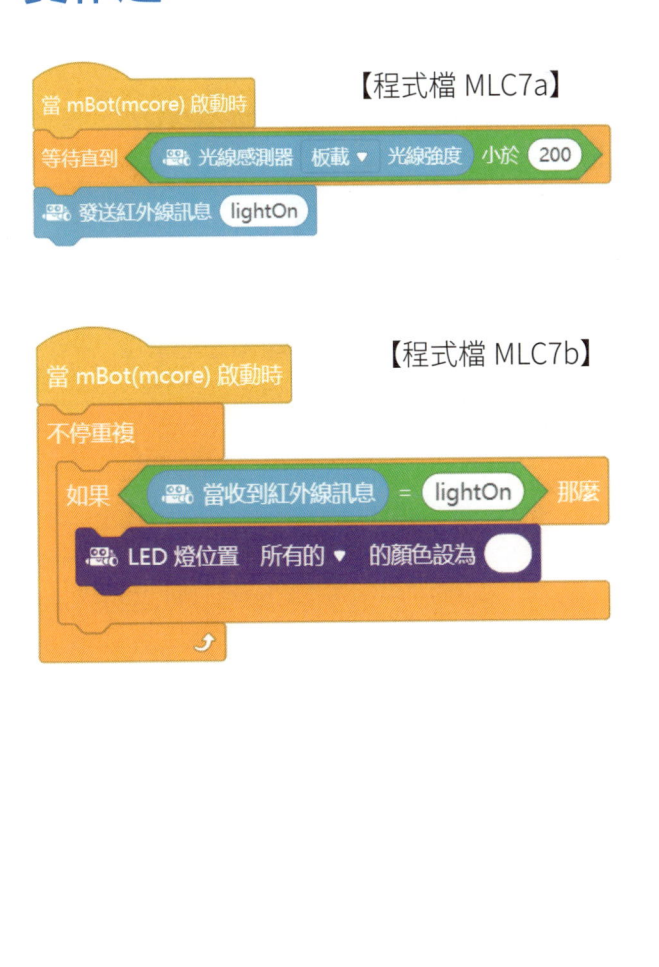

## 第 8 章

### 挑戰題

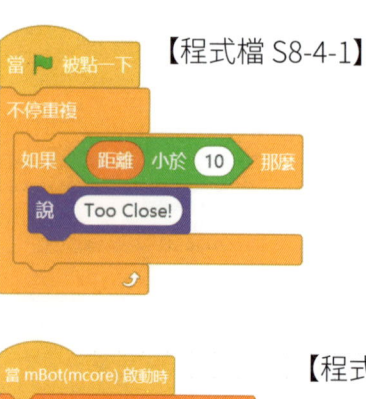

【程式檔 S8-4-1】

```
當 ▶ 被點一下
不停重複
  如果 <距離 小於 10> 那麼
    說 Too Close!
```

【程式檔 S8-4-2】

```
當 mBot(mcore) 啟動時
變數 轉直角時間 ▼ 設為 0.261
變數 走15cm時間 ▼ 設為 0.6
                              參考單元四 ✗
不停重複
  如果 <超音波感測器 連接埠3 ▼ 距離(cm) 小於 15> 那麼
    左轉, 動力 50 %, 持續 轉直角時間 秒
    前進, 動力 50 %, 持續 走15cm時間 秒
    右轉, 動力 50 %, 持續 轉直角時間 秒
    前進, 動力 50 %, 持續 走15cm時間 秒
    右轉, 動力 50 %, 持續 轉直角時間 秒
    前進, 動力 50 %, 持續 走15cm時間 秒
    左轉, 動力 50 %, 持續 轉直角時間 秒
  否則
    前進 ▼, 動力 50 %
```

### 實作題

【程式檔 MLC8】

```
當 mBot(mcore) 啟動時
不停重複
  變數 距離 d ▼ 設為 超音波感測器 連接埠3 ▼ 距離
  變數 頻率 Hz ▼ 設為 15 * 距離 d + 100
  如果 <距離 d 大於 180> 那麼
    前進 ▼, 動力 100 %
    LED 燈位置 所有的 ▼ 的顏色設為 ●(綠)
  否則
    如果 <距離 d 大於 60> 那麼
      前進 ▼, 動力 75 %
      LED 燈位置 所有的 ▼ 的顏色設為 ●(黃)
    否則
      如果 <距離 d 大於 10> 那麼
        前進 ▼, 動力 50 %
        LED 燈位置 所有的 ▼ 的顏色設為 ●(黃綠)
      否則
        停止移動
        LED 燈位置 所有的 ▼ 的顏色設為 ●(紅)
```

# 第 11 章

## 挑戰題

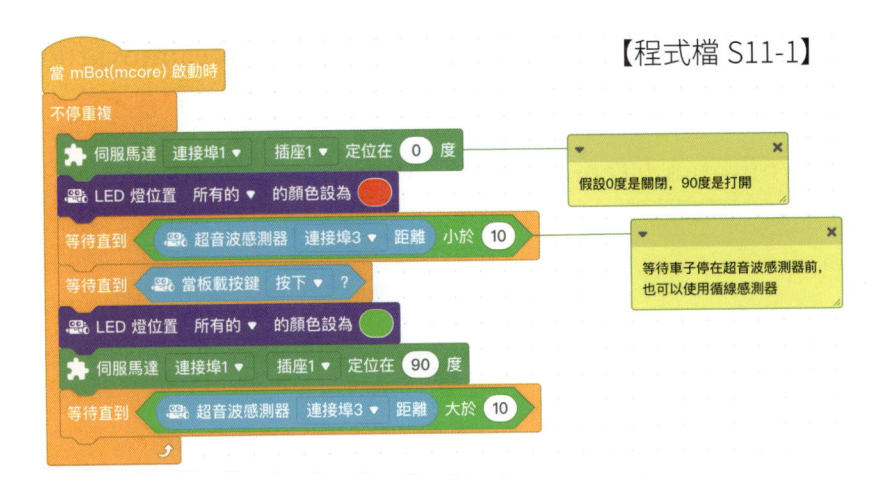

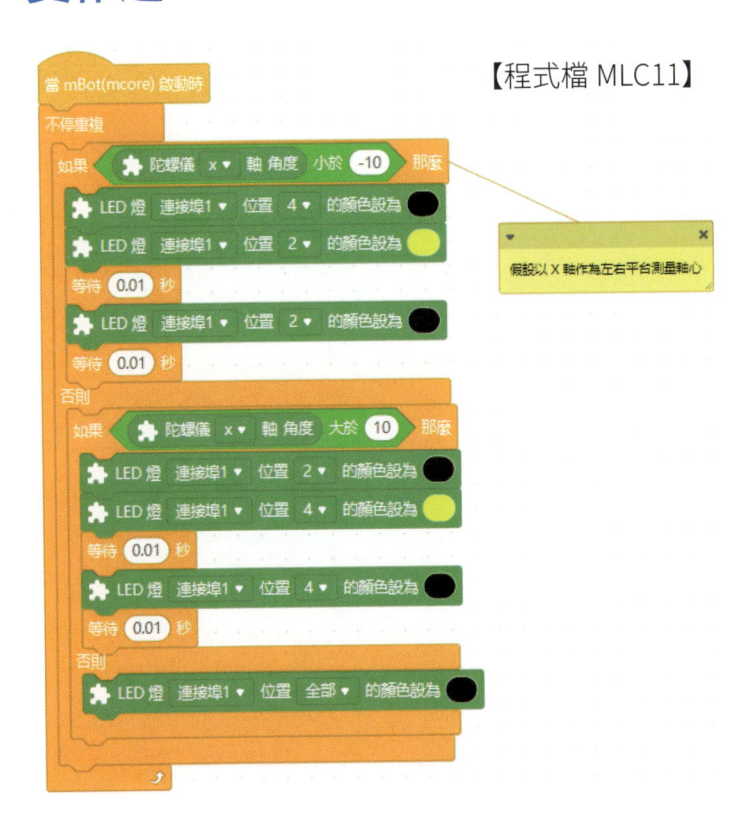

【程式檔 S11-1】

假設0度是關閉，90度是打開

等待車子停在超音波感測器前，也可以使用循線感測器

【程式檔 S11-4】

以計算方法處理，可減省大量使用「如果...否則...」的時間

中音 Do （C4）的音頻是 261.6，以此作基礎，每偵測到 10 cm 的距離，（琴鍵設計每 10 cm 一個琴鍵）音頻改變 30 Hz（每個音階相差頻率約為 30 Hz）

## 實作題

【程式檔 MLC11】

假設以 X 軸作為左右平台測量軸心

**參考書目**

1. 吳志宏（2016）mBot 入門與實習 – STEM 整合式機器人學習台灣：翰尼斯企業有限公司
2. 親子天下：認識 STEAM http://topic.parenting.com.tw/issue/2017/steamtoys100/knowsteam.html
3. mBot 與 STEM 的編程 https://mbotandstem.blogspot.hk

# mBot 輪型機器人 V1.1（藍色藍牙版）

產品編號：5001001
建議售價：$3,135

mBot 是基於 Arduino 平台的程式教育機器人，支援藍牙或者 2.4G 無線通訊，具有手機遙控、自動避障和循跡前進等功能，搭配 Scratch(mBlock) 採用直覺式圖形控制介面，只要會用滑鼠，就能學會寫程式！！

**自動避障**
可偵測前方障礙物距離，完成避障任務。

**循跡前進**
可沿著地面上的線段行駛前進。

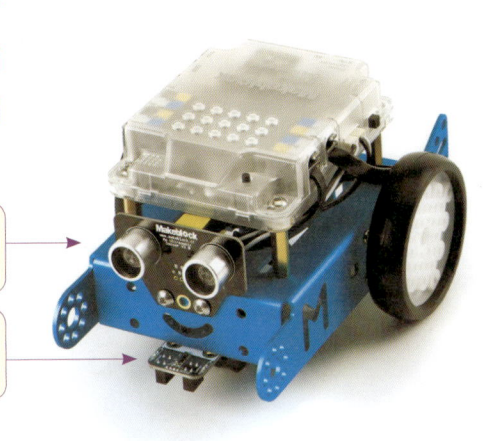

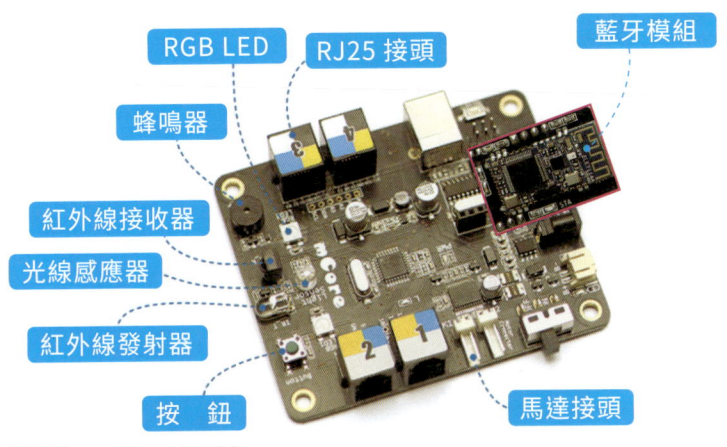

主控板標示：RGB LED、RJ25 接頭、藍牙模組、蜂鳴器、紅外線接收器、光線感應器、紅外線發射器、按鈕、馬達接頭

## 擴展 AI 人工智慧

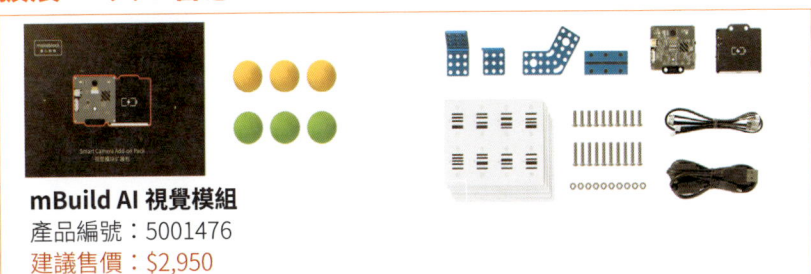

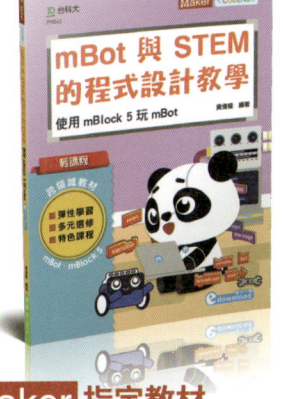

**mBuild AI 視覺模組**
產品編號：5001476
建議售價：$2,950

## Maker 指定教材

輕課程 mBot 與 STEM 的程式設計教學
- 使用 mBlock 5 玩 mBot
書號：PN042
作者：黃偉樑
建議售價：$320

## 快速組裝

只需要一把螺絲起子，搭配金屬積木與電控模組，快速組裝出可愛 mBot。

### 零件清單

| 鋁合金底盤 | mCore 主控板 | 塑膠滾輪 | 塑膠輪胎 | 直流馬達 |
|---|---|---|---|---|
| 超音波模組 | 藍牙模組 | 循跡模組 | 紅外線遙控器 | 電池盒 |
| 螺絲起子 | 螺絲包 | USB 線 | 鋰電池 | 循跡場地圖 |

## 創客教育擴展系列

**mBot 六足機器人擴展包**
產品編號：5001011
建議售價：$890

**mBot 伺服機支架擴展包**
產品編號：5001012
建議售價：$890

**mBot 聲光互動擴展包**
產品編號：5001013
建議售價：$890

**表情面板 (LED 陣列 8×16)**
產品編號：5001102
建議售價：$410

※ 價格 ‧ 規格僅供參考　依實際報價為準

JYiC.net 勁園國際股份有限公司 www.jyic.net

諮詢專線：02-2908-5945 或洽轄區業務
歡迎辦理師資研習課程